Laser in der Materialbearbeitung
Forschungsberichte des IFSW

M. G. Müller
Prozessüberwachung beim Laserstrahlschweißen durch Auswertung der reflektierten Leistung

Laser in der Materialbearbeitung
Forschungsberichte des IFSW

Herausgegeben von
Prof. Dr.-Ing. habil. Helmut Hügel, Universität Stuttgart
Institut für Strahlwerkzeuge (IFSW)

Das Strahlwerkzeug Laser gewinnt zunehmende Bedeutung für die industrielle Fertigung. Einhergehend mit seiner Akzeptanz und Verbreitung wachsen die Anforderungen bezüglich Effizienz und Qualität an die Geräte selbst wie auch an die Bearbeitungsprozesse. Gleichzeitig werden immer neue Anwendungsfelder erschlossen. In diesem Zusammenhang auftretende wissenschaftliche und technische Problemstellungen können nur in partnerschaftlicher Zusammenarbeit zwischen Industrie und Forschungsinstituten bewältigt werden.

Das 1986 gegründete Institut für Strahlwerkzeuge der Universität Stuttgart (IFSW) beschäftigt sich unter verschiedenen Aspekten und in vielfältiger Form mit dem Laser als einem Werkzeug. Wesentliche Schwerpunkte bilden die Weiterentwicklung von Strahlquellen, optischen Elementen zur Strahlführung und Strahlformung, Komponenten zur Prozeßdurchführung und die Optimierung der Bearbeitungsverfahren. Die Arbeiten umfassen den Bereich von physikalischen Grundlagen über anwendungsorientierte Aufgabenstellungen bis hin zu praxisnaher Auftragsforschung.

Die Buchreihe „Laser in der Materialbearbeitung – Forschungsberichte des IFSW“ soll einen in der Industrie wie in Forschungsinstituten tätigen Interessentenkreis über abgeschlossene Forschungsarbeiten, Themenschwerpunkte und Dissertationen informieren. Studenten soll die Möglichkeit der Wissensvertiefung gegeben werden.

Matthias G. Müller

Prozessüberwachung beim Laserstrahlschweißen durch Auswertung der reflektierten Leistung

2., unveränderte Auflage

Herbert Utz Verlag · München

Laser in der Materialbearbeitung

Band 17

Zugl.: Diss., 2002

Bibliografische Information der Deutschen Nationalbibliothek:
Die Deutsche Nationalbibliothek verzeichnet diese Publikation in der Deutschen Nationalbibliografie; detaillierte bibliografische Daten sind im Internet über http://dnb.d-nb.de abrufbar.

frühere Ausgabe: ISBN 978-3-8316-0144-8

ISBN 978-3-8316-8101-3

Printed in EU
Herbert Utz Verlag GmbH, München
www.utzverlag.de

Kurzfassung

Die Qualitätssicherung beim Laserstrahlschweißen kann bisher nicht auf zerstörende Werkstoffprüfung verzichten, um verborgene Merkmale wie innere Nahtfehler aufzudecken. Kommerzielle Systeme zur Prozessüberwachung bieten für viele Applikationen keine ausreichende Zuverlässigkeit in der Fehlerdetektion. Es besteht daher Bedarf an aussagekräftigen, während des Schweißprozesses zu messenden Sensorsignalen, die eine zuverlässige Online-Beurteilung der Nahtqualität zulassen.

Für das Laserstrahltiefschweißen bietet ein physikalisch bedingter Zusammenhang zwischen Einkoppelgrad der Laserstrahlung und Schachtverhältnis der Dampfkapillare die Möglichkeit, Informationen hinsichtlich der Nahtqualität aus der Tiefe des zu bearbeiteten Werkstoffvolumens zu erhalten. Die durch Laserstrahlung erzeugte Dampfkapillare, die das Tiefschweißen ermöglicht, wird dabei als prägender Informationskanal für die aus der Kapillare reflektierte Laserstrahlung verwendet.

Eine Modellrechnung beschreibt diesen Zusammenhang zwischen reflektierter Laserleistung und Schachtverhältnis der Dampfkapillare. Der Reflexionsgrad gibt an, welcher Anteil der Laserleistung aus der Kapillare reflektiert wird; er weist dabei mit wachsendem Schachtverhältnis eine asymptotische Annäherung bis hin zu Null auf. Dies entspräche einer nahezu vollständigen Einkopplung infolge von Vielfachreflexion. Änderungen in der Geometrie der Dampfkapillare haben unmittelbaren Einfluss auf die reflektierte Laserstrahlung. Deren Leistungsdichteverteilung stellt dabei die Grundlage für die Realisierung der Messmethode dar.

Ein Versuchsaufbau zur Visualisierung der Kapillargeometrie während des Schweißens zeigt deren typische Geometrien und Abmessungen für unterschiedliche Prozessparameter. Durch die synchrone Erfassung der reflektierten Laserleistung werden typische Signalmuster deren entsprechenden Prozessereignissen zugeordnet. Auf diesen Informationen aufbauend können umgekehrt Unregelmäßigkeiten in der Kapillarausbildung, die zu Nahtdefekten führen, indiziert werden.

Anhand differenzierter Parameterstudien wird die Funktionalität des prototypischen Messaufbaus dem Prozess angepasst und weiterentwickelt. Diese grundlegenden Versuche werden für Nd:YAG- und CO2-Laser durchgeführt. Die Arbeit schließt mit der Umsetzung des Messprinzips in ein praxistaugliches Funktionsmuster für Nd:YAG-Laser sowie dessen Evaluierung ab. Insbesondere die Kombination mehrerer Detektoren, der hohe Integrationsgrad und die Adaption an eine bestehende, kommerzielle Messdatenverarbeitung macht dieses System einsatzreif für die industrielle Anwendung.

Inhaltsverzeichnis

Symbolverzeichnis

Symbol	Dimension	Beschreibung
A		Absorptionsgrad
a, b, c	mm	Halbachsen der Kapillargeometrie
$A_{\|\|}$		Absorptionsgrad für parallele Polarisation
$A_{\perp}$		Absorptionsgrad für senkrechte Polarisation
A_{O}		Absorptionsgrad für zirkulare Polarisation
A_{ges}		Gesamtabsorptionsgrad der Kapillare
$\overline{A}$		Mittlerer Absorptionsgrad
$A_{Laserstrahl}$	mm^2	Laserstrahlquerschnittsfläche
$A_{Teilstrahl}$	mm^2	Teilstrahlquerschnittsfläche
D	mm	Durchmesser
$\Delta\phi$	rad	Winkelabschnitte des Kapillarnetzes
ΔP_L	W	Teilstrahlleistung
Δt	mm	Kapillarrandüberhöhung
ΔZ	mm	Höhenabschnitte des Kapillarnetzes
E		Feldstärkevektor
F		Fokussierzahl
f	mm	Brennweite der Fokussierlinse
$\varphi_{a,b,c}$		Öffnungswinkel der Kapillare
I	W/mm^2	Leistungsdichte
K		Strahlpropagationsfaktor
k		Absorptionsindex
λ	nm	Wellenlänge
n		Brechungsindex
$\hat{n}$		komplexer Brechungsindex
M^2		Beugungsmaßzahl
ν	1/s	Frequenz
$P_{L\,ges}$	W	Leistung des gesamten Strahls
Θ_f	mrad	Divergenzwinkel des fokussierten Strahls
Θ_o	mrad	Divergenzwinkel des Rohstrahls
R_{ges}		Gesamtreflexionsgrad der Kapillare
S		Schachtverhältnis Tiefe/Durchmesser
S_{krit}		Kritisches Schachtverhältnis
t	mm	Kapillartiefe
T_s	°C	Schmelztemperatur

v	m/min	Vorschubgeschwindigkeit
$\dot{V}$	l/min	Volumenstrom
ω	rad/s	Kreisfrequenz
w_f	mm	Radius des fokussierten Strahls
w_o	mm	Radius des Rohstrahls
z_F	mm	relative Fokuslage
z_{rf}	mm	Rayleigh-Länge des fokussierten Strahls
z_{r0}	mm	Rayleigh-Länge des Rohstrahls

Extended Abstract

High power laser welding is used in automotive industry because of its high productivity and its extraordinary flexibility. Compared to classical welding techniques, a high level of quality can be assured with modern CO_2- and Nd:YAG-lasers. Nevertheless, the closed loop control of weld depth and the detection of seam defects would further enlarge the potential of laser welding. To guarantee a certain penetration depth would allow to join sheets without damaging the rear side, to monitor on-line seam defects would reduce costs of a visual off-line control, for instance. In principle, there exists a great variety of signals emitted from the welding process that offer information on involved physical mechanisms. The method presented in this paper allows to monitor depth and quality of a seam by using a relationship between the geometry of the keyhole and the reemitted laser light.

The laser power reflected out of the keyhole measures the fraction of incident radiation that is not absorbed in the keyhole. It depends on the aspect ratio (depth over diameter) of the keyhole and correlates with the penetration depth - assumed that the diameter of the keyhole is constant in a wide parameter field.

The energy coupling inside the keyhole can be described by a model based on multiple reflections at the keyhole walls. Optical ray tracing is utilized for implementing an algorithm that accounts for this model. It considers the wall absorption of the laser radiation depending on incident laser power, wavelength, polarization, energy distribution, incident angle, beam propagation and optical properties of the material. Different keyhole geometries typical for common parameters of the welding process are employed to understand the sensitivity and the influence of the parameters.

The results of the calculations give the correlation between the reflected laser power and the aspect ratio. The reflected laser power asymptotically approaches to zero with increasing aspect ratio (or rather welding depth, assumed that the keyhole diameter is constant). This is the consequence of a longer series of multiple reflection inside the keyhole. Radiation of Nd:YAG-laser shows this course at smaller aspect ratios, compared to CO_2-laser. The reason is the shorter wavelength of the Nd:YAG-laser yielding higher absorption at the keyhole walls. Therefore, maximum values of the aspect ratios are determined, within the relation to the reflected laser power gives the direct measure for the welding depth.

Furthermore, oscillations of the keyhole which are believed to be the origin for certain seam defects influence the aspect ratio and therefore the reflected laser power. The overall pressure inside the keyhole has to counter balance the hydrostatic and hydrodynamic pressure of the melt and the forces due to surface tension. Lateral oscillations of the keyhole diameter may lead to complete choking of the vapor / plasma flow out of the keyhole. This results in an increasing keyhole volume preferentially in regions with least energy expenditure, i.e. down of the constriction. The displaced molten material reacts to this mechanism yielding a keyhole collapse. Process pores arise when the "melt bridge" solidifies without filling up the keyhole. Melt ejection occurs when the “melt bridge” is blown off the pool. The changing aspect ratio influences the reflected laser power and its spatial distribution.

The calculations also illustrate that there exists an optimum detector position in front of the keyhole (in respect to the welding direction) where the highest signal gradient as a function of the aspect ratio can be expected.

The simulation is based on keyhole geometries taken from theoretical models out of literature. Prerequisite for measuring the penetration depth is that the keyhole diameter keeps nearly constant compared to the welding depth changed by the process parameters. To verify this assumption by experiments the welding process is captured with a high speed video system. The optical emission of the metal vapor streaming out of the keyhole requires an additional laser in the visible range for illumination of the interaction zone. Short laser pulses are freezing the fast melt pool motions and yield a sufficient field of focus.

The experiments verify an almost constant keyhole opening diameter for variation of the laser power, the feeding rate and the focus position while the penetration depth and, as consequence, the aspect ratio changes. Compared to the focus diameter (0.45mm) the average keyhole opening diameter is about 50% larger. In comparison, aluminum alloy welds are characterized by a larger melt pool and a lower melt viscosity because of their thermophysical properties. This results in a much higher dynamic of the keyhole. The average deviation from the mean dimension of the keyhole opening is about three times higher compared to welding steel. Wave movement of the melt pool can be visualized for typical frequencies and amplitudes. Waves reflected at the solidified pool end run forth to the keyhole and "collide" with the out-streaming metal vapor. This blockage obviously leads to process pores or to melt ejections.

Unfortunately, effects on the keyhole shape inside the workpiece cannot be established with this perspective. Therefore, experiments with an X-ray transmission imaging system were carried out for on-line inspection of the keyhole. The micro-focused X-rays emitted from an X-ray tube penetrate a specimen and are converted into visible light with an image intensifier. The intensifier screen is captured by a high speed video camera, that delivers 1000 frames per second. Due to different optical transmittance the keyhole shape can be visualized.

Typical keyhole behavior leading to seam defects can be found with this method and basically confirm the models used in the simulation: The welding process is characterized by fluctuations of the keyhole which can lead to bulging in the case of aluminum. The bulging of the tip causes basic changes in the aspect ratio and ends either in a pore formation, a melt ejection or just a re-bulging without tieing up a pore. The melt ejection phenomena is accompanied by a dramatic change of the aspect ratio of the keyhole. Pore formation can not be exactly separated form a re-bulging of the keyhole by the aspect ratio. Therefore, the single occurrence of pore formation can not be detected directly by this method. But there is a relation between the number of pores in a seam and the aspect ratio of the keyhole. Using an aspect ratio below a determined threshold avoids all kind of bulging. With increasing aspect ratio the number of pores increases linearly.

For verification of the theoretical background different setups were developed using Nd:YAG- and CO_2-lasers. For experiments with Nd:YAG-lasers a commercial available focusing head is implemented. Via a semi-reflecting mirror with a transmission of 1 % the residual 99 % of the laser power is focused onto the workpiece. The reflected laser power, emitted from the keyhole, runs through the focal lens, beam splitter, interference filter and reaches the detector. To account for the spatial distribution of the reflected laser power, that depends on the keyhole geometry, the focusing head is equipped with an additional array of silicon photodiodes. The interference filters in front of them guarantee that only the wavelength of the reflected laser power is measured.

In contrast to the Nd:YAG-setup with semi-transmitting optical components, the longer wavelength of the CO_2-laser radiation requires to implement a scraper mirror for measuring the reflected laser power or to supplement an out-coupling mirror with little holes. After interacting with the workpiece, the reflected laser power hits the focusing mirror and is conducted to the detector either perpendicular to the beam axis by the focusing scraper mirror or by the holes of the bending mirror.

For welding steel the results for both setups confirm the relationship between the measured signal of the reflected laser power and the penetration depth, modified by the parameters laser power, focus position and feeding rate. Low penetration depth causes high values of the reflected laser power. By increasing the penetration the signal runs asymptotically to its minimum and becomes more and more insensitive. Significant for this "limiting" welding depth is the influence of the absorptivity and the pre-selected keyhole diameter determining the aspect ratio. The typical range of penetration depth, the method is capable for, is up to approximately 2.5 mm. This regime is typically given by applications in car body assembling or supplier manufactures. Further experiments give evidence that the diagnostic method is also capable for detecting gaps in weld seams and for distinguishing between full- and partial penetration.

With respect to monitoring the penetration depth in welding steel the diagnostic method can not show the same accuracy in welding aluminum due to the fluctuations of the aspect ratio which results, intensified by the low absorptivity of aluminum, in a low signal to noise ratio of the reflected power signal.

Nevertheless, the method is capable for detecting melt ejections in welding aluminum very well and to assure welding conditions for avoiding porosity formation. Melt ejection causes an empty melt pool for a short time of about 10 ms. During this time, the aspect ratio of the "keyhole" is determined by the melt pool dimensions and, therefore, is much lower. The reflected laser power reaches a maximum and could be well registered by this diagnostic method. Process pores induce local changes in the signal of the reflected power. But vice versa, not all keyhole collapses which are indicated by the signal resist in a pore by force due to the re-bulging effect. However reducing the aspect ratio decreases the process dynamics and leads to less statistical imperfections. So the signal course depending on the aspect ratio reproduces the process dynamics and can be used to assure weld conditions for results without porosity.

The experimental verification of the physical background build the base for realization of a multi-detector system designed for industrial applications. Aspects of functionality and integration are discussed and determine the detectors implemented. Instead of a simple photo diode for measuring the reflected laser power a position sensitive diode was used to receive both values in one detector, the reflected power and the keyhole opening. Additionally, the multi-detector system was equipped with diodes for measuring the infrared radiation of the melt pool and the seam surface. Combining the information of all detectors by the data acquisition and analysis helps improving the accuracy and significance.

In application the multi-detector system shows the expected relationships between the aspect ratio and measured signals. The penetration depth can be well detected for welding steel. Aluminum alloys cause a higher dynamic in the measured signal which reduces therefore the accuracy for predicting the welding depth. The aspect ratio threshold for porosity formation can be indicated in the reflected power signal as well as melt ejections which result in a blow hole. Analyzing the infrared emission of the melt pool area gives information about the residual joint quality. The utilized data acquisition system allows a flexible evaluation of the signals and offers a communication with the numerical control of the machining center.

1 Einführung

1.1 Ausgangssituation

Das Strahlwerkzeug Laser zeichnet sich vor allem durch die hochpräzise, berührungslose Einbringung seiner Energie aus, die sowohl hohe Prozessgeschwindigkeiten als auch hohe Bearbeitungsqualität erlaubt. Gerade diesen Vorzügen muss in einer industriellen Anwendung Rechnung getragen werden, denn die Investitionskosten sind im Vergleich zu konventionellen Werkzeugen hoch. Hieraus lässt sich bereits ein charakteristisches Einsatzgebiet des Laserstrahlschweißens, die hochautomatisierte Serienfertigung, ableiten. Diese wiederum geht einher mit der Forderung nach einer ebenso automatisierten Qualitätssicherung, deren Kern in der Praxis durch eine zuverlässige Überwachung des Prozesses gebildet wird.

Betrachtet man die Entwicklung des Qualitätsmanagements, so lässt sich gerade in den letzten Jahren eine stetige Verbesserung erkennen. Am Beginn der industriellen Produktion von Wirtschaftsgütern wurde keine Qualität „produziert", sondern am Ende des Produktionsprozesses durch Auslese von Ausschuss erzeugt. Dieses Prinzip wirkt jedoch erst, wenn ein Schaden bereits entstanden ist, die Wirtschaftlichkeit des Produktionsprozesses sinkt dadurch erheblich.

Durch Einführung statistischer Methoden, z. B. Stichprobenprüfungen in Zusammenhang mit Qualitätsregelkarten, werden Schwankungen von Qualitätsmerkmalen erkennbar, die durch zyklische Veränderungen (z. B. durch Bedienereinfluss) oder Drift des Merkmals (z. B. durch Werkzeugverschleiß) begründet sind. Kontrollierte Gegenmaßnahmen führen zu Qualitätsverbesserungen, so z.B. die Verbesserung von Produktionsbedingungen (Bedienung und Benutzung) oder das Implementieren von Regelkreisen (Werkzeugwechsel). Die Produktion von Ausschuss kann dadurch erheblich eingedämmt werden.

Stochastisch verteilte Produktionsfehler jedoch sind durch Stichprobenprüfungen nicht erfassbar. Aus diesem Grund besteht z.B. bei sicherheitsrelevanten Bauteilen die Pflicht einer 100%-Überprüfung der Qualitätsmerkmale und vollständigen Dokumentation. Derartige Maßnahmen sind Bestandteil von Qualitätssicherungssystemen nach DIN/ISO 9000 ff.

Die Wirtschaftlichkeit eines solchen Qualitätsüberwachungssystem zahlt sich insbesondere durch eine möglichst frühzeitige Fehlererkennung aus. An einem Produkt werden durchschnittlich 80 % der Fehler erst in der Phase der Prüfung und des Einsatzes behoben. Die Kosten der Fehlerbehebung entwickeln sich über der Zeitschiene von der Fertigung bis zur Auslieferung jedoch exponenziell. Die hohen Stückzahlen einer automatisierten Serienfertigung liefern dazu den entsprechenden Kostenfaktor.

Vor diesem Hintergrund lässt sich die Bedeutung der Bereitstellung von Methoden zur Fehlerüberwachung ableiten. Werden in der Entwicklungsphase potenzielle Fehlerquellen aufgedeckt und diese durch Implementierung entsprechender Überwachungsmaßnahmen abgesichert, können die Produktionszeiten verkürzt und Kosten minimiert werden.

1.2 Zielsetzung

Die Prozesssicherung beim Laserstrahlschweißen basiert meist auf statistischen Methoden mit zerstörender Werkstoffprüfung, da derzeit bestehende In-Prozess-Überwachungssysteme in vielen Applikationen keine ausreichende Aussagekraft bzw. Zuverlässigkeit bieten. Dies gilt umso mehr, wenn verborgene Merkmale wie innere Nahtfehler oder die Einschweißtiefe dokumentiert werden müssen. Es besteht daher der Bedarf, aussagekräftige, während des Schweißprozesses zu messende Indikatoren zu erarbeiten, die eine zuverlässige Online-Beurteilung der Schweißnahtqualität zulassen.

Das Laserstrahltiefschweißen bietet im Vergleich zu konventionellen Schweißverfahren zusätzliche Ansätze zur Prozessüberwachung. Das in dieser Arbeit behandelte Verfahren basiert auf einem Zusammenhang zwischen Einkoppelgrad der Laserstrahlung und Schachtverhältnis (Tiefe / Durchmesser) der Dampfkapillare. Dies bietet die Möglichkeit, Informationen hinsichtlich der Nahtqualität aus der Tiefe des bearbeiteten Werkstoffvolumens zu erhalten. Die durch Laserstrahlung erzeugte Dampfkapillare, die das Tiefschweißen ermöglicht, wird dabei als prägender Informationskanal für die aus der Kapillare rückreflektierte Laserstrahlleistung verwendet [1].

Ziel dieser Arbeit ist, den Indikator „Reflektierte Laserleistung“ in seiner Aussagekraft und seiner Zuverlässigkeit zu charakterisieren. Genaue Kenntnisse der Zusammenhänge zwischen Nahteigenschaften, Kapillargeometrie und reflektierter Laserleistung sind notwendig, um die Messmethode in rekursiven Schritten zu verbessern. Schließlich sollen die ausgearbeiteten Messprinzipien - und sofern notwendig, auch ergänzende Methoden - zu einem industriell einsetzbaren Prototypen zusammengeführt und evaluiert werden.

1.3 Gliederung der Arbeit

Hinsichtlich des Aufbaus eines aussagekräftigen und zuverlässigen Prozessüberwachungssystems für das Laserstrahlschweißen werden bestehende Systeme und wissenschaftliche Arbeiten recherchiert und deren physikalische Ansätze in Kapitel 3 grundlegend diskutiert.

Der völlig neuartige Ansatz der Rückreflexmessung wird in den nachfolgenden Kapiteln 4 bis 6 vorgestellt. In einem ersten, theoretischen Teil wird eine Simulationsrechnung entwickelt, um zu einer mathematischen Beschreibung des Zusammenhangs zwischen reflektierter Laserleistung und Geometrie der Dampfkapillare zu gelangen. Dabei werden auch Geometrien betrachtet, die für die Formation von Prozessporen und Schmelzauswürfen typisch sind. Das Ergebnis dieser Simulationsrechnung ist die räumliche Leistungsdichteverteilung der reflektierten Laserstrahlung. Diese dient dazu, bevorzugte Detektorpositionen zu finden und die Grenzen der Funktionsfähigkeit des Systems abzuschätzen.

In einem zweiten, experimentellen Teil werden Messwerte der reflektierten Laserleistung mit den entsprechenden Kapillargeometrien korreliert. Zur Visualisierung der Kapillare werden in Kapitel 5 zwei diagnostische Methoden eingesetzt: Hochgeschwindigkeitsaufnahmen und Röntgendurchstrahlung der Wechselwirkungszone. Typische Phänomene des Laserschweißprozesses können anhand der Aufnahmen charakterisiert werden. Die zeitsynchrone Aufzeichnung der reflektierten Laserleistung und der ablaufenden Vorgänge in der Kapillaren gibt die Zusammenhänge zwischen Messsignal und Ereignis wieder. Diese werden in Kapitel 6 differenziert nach den Prozessparametern diskutiert. Unterschiedliche Messaufbauten tragen den Resultaten der vorhergehenden Simulation Rechnung und erfahren dabei eine rekursive Optimierung.

Die erarbeiteten Konzepte zur Messtechnik werden abschließend in einem dritten Teil zu einem industrietauglichen, integrierten Detektor vereint und mit flankierenden Verfahren ergänzt. Industrielle Anforderungen, insbesondere Funktionalität, Robustheit und Integrationsgrad führen dabei den Entwicklungsprozess. Eine experimentelle Evaluierung zeigt abschließend die Funktionalität des Gesamtsystems.

2 Grundlagen

Das Funktionsprinzip des hier vorgestellten Verfahrens zur Prozessüberwachung des Laserstrahlschweißens wird grundlegend durch die Ausbreitung der Laserstrahlung und deren Absorption beschrieben. Der Prozess des Laserstrahlschweißens ist dabei das Resultat aus der Wechselwirkung des propagierenden Strahls mit dem Werkstück durch die Absorptionsmechanismen.

2.1 Laserstrahlschweißen

Der Laserstrahl trifft auf die Werkstückoberfläche und wird dort gemäß der Fresnelabsorption teilweise absorbiert. Der absorbierte Anteil der Energie breitet sich im Werkstück in Form von Wärme aus. Ist die Intensität der Laserstrahlung groß genug, kann die Wärme gemäß dem naturgegebenen Wärmeleitkoeffizienten des bearbeiteten Materials nicht mehr in dem Maße abgeführt werden, wie sie freigesetzt wird. An der Werkstückoberfläche setzt Schmelzen und schließlich Verdampfen des Materials ein. Der abströmende Materialdampf verdrängt durch seinen Rückstoß die umgebende Schmelze und es entsteht ein Kanal, der als Dampfkapillare bezeichnet wird. Dessen Durchmesser ist in erster Näherung vergleichbar dem des Laserstrahls im Fokuspunkt.

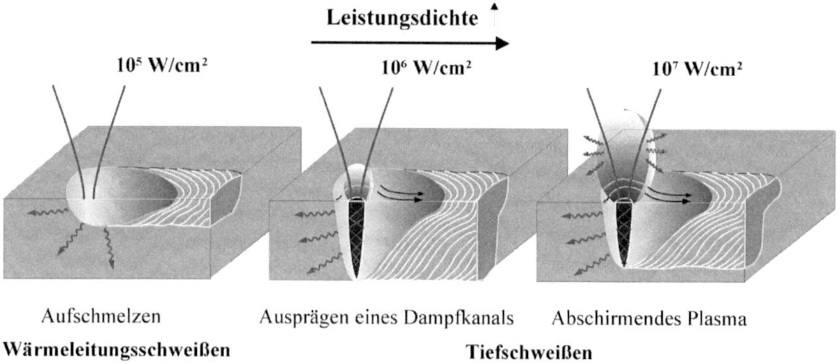

Bild 1: Wechselwirkungsprozesse beim Wärmeleitungs- und Tiefschweißen mit CO_2-Laserstrahlung.

In dieser Dampfkapillare entsteht durch vielfache Reflexion an den Kapillarwänden eine erhöhte „integrale“ Absorption der Laserstrahlung. Man spricht nicht mehr von einem Absorptionsgrad, wie bei der Fresnelabsorption für einmaliges Auftreffen des Laserstrahls auf der Werkstückoberfläche, sondern vom Einkoppelgrad.

Erfolgt nun eine Relativbewegung zwischen Laserstrahl und Werkstück, so bewegt sich die Dampfkapillare, welche in sich prinzipiell stabil bleibt[1], entlang der vorgegebenen Bearbeitungsbahn. Da im Gegensatz zum Wärmeleitungsschweißen durch das große Verhältnis von Nahttiefe zu Nahtbreite (Schachtverhältnis) eine hohe Einschweißtiefe erreicht wird, spricht man auch vom Lasertiefschweißen. Die Schachtverhältnisse liegen typischerweise im Bereich von 2:1 bis 6:1.

Bei hohen Intensitäten, wie sie zum Tiefschweißen benötigt werden, wird häufig auch ein Teil des ausströmenden Metalldampfes ionisiert. Das dabei entstehende Metalldampfplasma hat die nachteiligen Eigenschaften, einen Teil der Laserenergie zu absorbieren und den Laserstrahl zu defokussieren [2]. Dies führt zu einer weniger tiefen, aber häufig breiteren Naht. Um ein großes Schachtverhältnis zu ermöglichen, führt man in diesen Fällen der Bearbeitungszone Schutzgas zu, welches das Plasma kühlt bzw. verdünnt und somit den Plasmaeinfluss verringert [3].

2.2 Ausbreitung und Fokussierung der Laserstrahlung

Das Laserstrahlschweißen erfordert Leistungsdichten im Strahl von 10^4 bis 10^7 W/cm^2. Nach Austritt der Laserstrahlung aus dem Lasergerät muss diese dazu auf die Bearbeitungsstelle fokussiert werden. Frei propagierende Laserstrahlung breitet sich jedoch nicht als paralleles Strahlenbündel aus, sondern weist eine Divergenz auf.

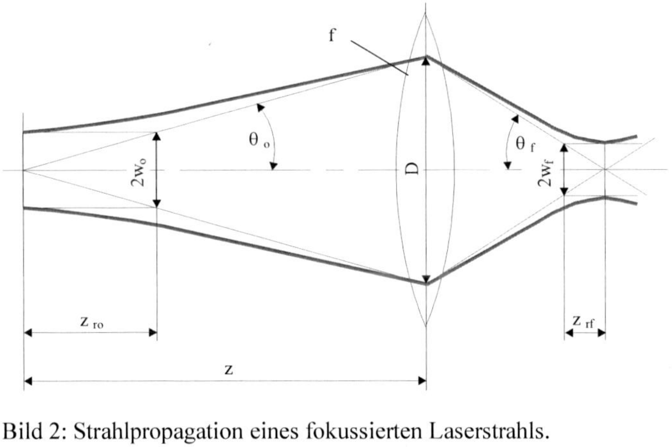

Bild 2: Strahlpropagation eines fokussierten Laserstrahls.

[1] Die Dampfkapillare bleibt während des kontinuierlichen Tiefschweißens erhalten, unterliegt aber je nach Parameter- und Werkstoffwahl Fluktuationen, die zu Nahtimperfektionen führen können.

Allgemein kann das Ausbreitungsverhalten durch das Strahlparameterprodukt, dem Produkt aus dem Radius w_f der Strahltaille und dem halben Divergenzwinkel Θ_f, charakterisiert werden.

$$w\,\Theta = \text{const.};\; w_0\,\Theta_0 = w_f\,\Theta_f \tag{2.1}$$

Sofern keine weitere Beugung an optischen Elementen auftritt, ist dieses für den gesamten Strahlverlauf konstant und legt damit einen wesentlichen Parameter für die Materialbearbeitung fest. Wird der Rohstrahl fokussiert, verringert sich dessen Taillendurchmesser, im gleichen Maß erhöht sich dabei seine Divergenz. Die Fokussierbarkeit eines Laserstrahls wird mit dem Begriff Strahlqualität beschrieben und lässt sich mit dem Strahlparameterprodukt bzw. der Beugungsmaßzahl M^2 quantifizieren:

$$w_0\,\Theta_0 = M^2\,\frac{\lambda}{\pi} = \frac{1}{K}\,\frac{\lambda}{\pi} \tag{2.2}$$

Die Beugungsmaßzahl M^2 bzw. der Strahlpropagationsfaktor K geben für Laser gleicher Wellenlänge an, um welchen Faktor deren konkret realisiertes Strahlparameterprodukt größer ist als der physikalisch kleinstmögliche Wert λ/π. Der Grundmode, dessen Leistungsdichteverteilung der Gaußschen Kurve folgt, ist in seinem Divergenzwinkel beugungsbegrenzt und bietet mit $M^2 = 1$ die höchste Strahlqualität.

Laser	System	P_L in kW	w*Θ in mm mrad	M^2	K	w_f in mm (F=4)	Θ_f in mrad (F=4)
Nd:YAG λ=1,06µm	Lampengepumpt	bis 4	25	75	0,013	0,25	100
	Diodengepumpt	bis 4	12	35	0,028	0,15	79
	Scheibenlaser	bis 1	5	15	0,067	0,10	50
CO_2 λ=1,06µm	Quergeströmt	bis 8	20	5,8	0,17	0,30	65
	Längsgeströmt	bis 20	8	2,5	0,40	0,20	42
	Slab	bis 3,5	4	1,3	0,80	0,10	42

Tabelle 1: Vergleich der Strahleigenschaften unterschiedlicher kommerzieller Laser für das Schweißen im Dauerstrichbetrieb [4][5]. Die Daten sind aktuelle Angaben der Hersteller.

Die unmittelbaren Auswirkungen auf den Brennfleckradius w_f und die Rayleighlänge z_{rf} (sie gibt die Entfernung zur Strahltaille an, innerhalb derer der Strahlquerschnitt auf den doppelten Wert ansteigt) folgt aus den nachstehenden Beziehungen:

$$w_f = (w_0\,\Theta_o)\,F = \frac{\lambda}{\pi}\,M^2\,F;\;\text{mit } F = \frac{f}{D} \tag{2.3}$$

$$z_{rf} = w_f\,F = (w_0\,\Theta_o)\,F^2 = \frac{\lambda}{\pi}\,M^2\,F^2 \tag{2.4}$$

Bei festgelegter Fokussierzahl F (Brennweite der Optik f dividiert durch Strahldurchmesser D auf derselben) ist daher ein umso kleinerer Brennfleckradius zu erzielen, je geringer das Strahlparameterprodukt bzw. die Beugungsmaßzahl ist. Tabelle 1 zeigt typische Werte für die Strahlqualität und die Fokussierbarkeit kommerzieller Laser.

2.3 Absorption und Reflexion der Laserstrahlung

2.3.1 Absorption

Für die Effizienz des thermischen Prozesses Laserstrahlschweißen ist der Anteil der Leistung maßgebend, der in das Werkstück eingekoppelt und dort in Wärme umgewandelt wird. Der Absorptionsgrad A quantifiziert dabei die Absorption des Laserstrahls bei einmaligem Auftreffen auf die Werkstückoberfläche. Er wird durch die Wellenlänge λ der Laserstrahlung, durch deren Polarisation und durch die Werkstoffeigenschaften (Absorptionsindex k, Brechungsindex n) bestimmt. Zur Berechnung des Absorptionsgrads A fasst man die optischen Konstanten k und n zu einem komplexen Brechungsindex $\hat{n} = n\,(1\text{-}ik)$ zusammen.

Setzt man den Absorptionsgrad in die Fresnelschen Formeln ein [6], welche die Absorption bzw. Reflexion in Abhängigkeit von Einfallswinkel und Polarisation beschreiben, lässt sich der Absorptionsgrad eines Metalls berechnen ($A_{\parallel}$ für parallele, $A_{\perp}$ für senkrechte und A_O für zirkulare Polarisierung bezüglich der Einfallsebene):

$$A_{\parallel} = 1 - \left[\frac{\hat{n}^2 \cos\alpha - \sqrt{\hat{n}^2 - \sin^2\alpha}}{\hat{n}^2 \cos\alpha + \sqrt{\hat{n}^2 - \sin^2\alpha}} \right]^2 \quad (2.5)$$

$$A_{\perp} = 1 - \left[\frac{(\cos\alpha - \sqrt{\hat{n}^2 - \sin^2\alpha})^2}{\hat{n}^2 - 1} \right]^2 \quad (2.6)$$

$$A_O = \frac{A_{\parallel} + A_{\perp}}{2} \quad (2.7)$$

Für die unterschiedlichen Polarisationen der Laserstrahlung ergeben sich in Abhängigkeit des Einfallswinkel und der Wellenlänge die in Bild 3 gezeigten Werte. Der Absorptionsgrad beträgt bei senkrechten Einfall (0°) nur wenige Prozent und wächst bei Polarisierung parallel zur Einfallsebene mit zunehmendem Einfallswinkel zunächst an, um nach Erreichen eines Maximalwertes (dieser wird als Brewsterwinkel bezeichnet) wieder abzufallen. Ist die Strahlung senkrecht zur Einfallsebene polarisiert, fällt der Absorptionsgrad mit zunehmendem Einfallswinkel ab. Der Vergleich der Wellenlängen zeigt eine ca. dreifach bessere Absorption des Nd:YAG-Lasers im Vergleich zum CO_2-Laser bei senkrechtem Einfall. Nähert sich der Einfallswinkel dem Brewsterwinkel, so verringert sich dieser Unterschied.

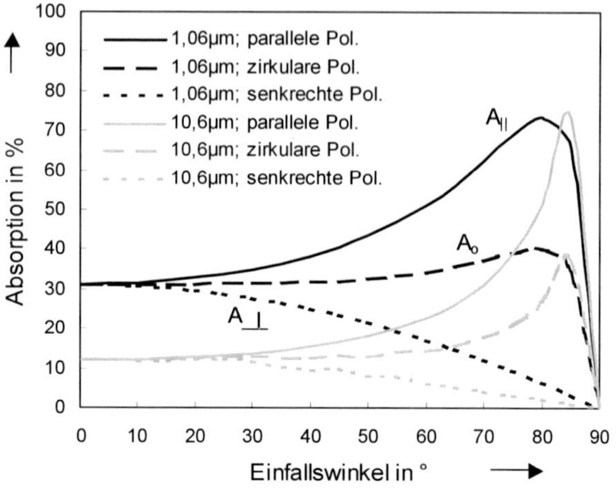

Bild 3: Winkel- und Polarisationsabhängigkeit der Absorption in Fe bei einer Temperatur von T=1500°C.

Die optischen Eigenschaften von Metall können aus der Gleichstromleitfähigkeit nach der Theorie von Drude [8] abgeleitet werden. Daraus berechnete Werte für unterschiedliche Werkstoffe, Temperaturen und Wellenlängen sind in Tabelle 2 zusammengefasst.

Werkstoff	Eisen				Aluminium			
T in °C	25		1227		25		1227	
λ in µm	1,06	10,6	1,06	10,6	1,06	10,6	1,06	10,6
n	3,9	7,6	3,6	14,8	1,1	25,5	3,4	29,8
k	4,4	29,3	5	15,5	8,5	60,9	10	34,5

Tabelle 2: Optische Konstanten von Eisen und Aluminium in Abhängigkeit der Temperatur und Wellenlänge [7].

Sofern die Polarisation des Laserstrahls nicht senkrecht bzw. parallel zur Werkstückoberfläche gerichtet ist, muss zur Berechnung des Absorptionsgrads die elektromagnetische Welle in die parallel und senkrecht schwingenden Komponenten zerlegt werden. Für den Fall der linearen Polarisierung liegt der Feldstärkevektor der Welle in einer Ebene; dieser kann dann durch phasengleiche Überlagerung zweier orthogonaler Vektoren nachgebildet werden. Der Absorptionsgrad berechnet sich entsprechend aus der Summe der beiden Einzelkomponenten [Bild 4a]. Da die Absorption für beide Komponenten unterschiedlich ist, dreht sich die Polarisationsrichtung des Strahls nach der Reflexion.

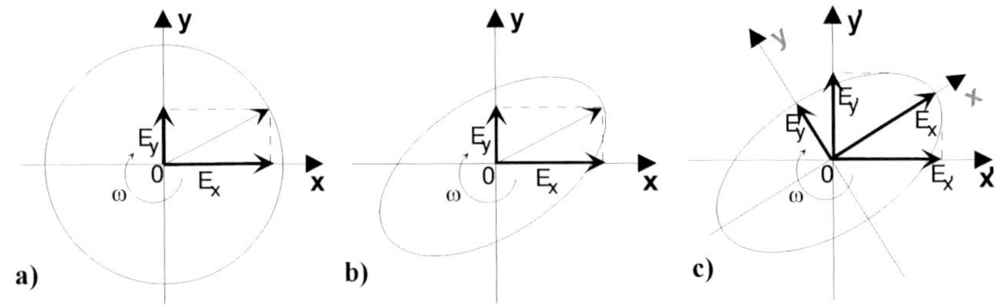

Bild 4: Zirkular polarisiertes Licht a) wird durch unterschiedliche Absorptionskoeffizienten zu elliptisch polarisiertem Licht b). Zur Berechnung muss eine Hauptachsentransformation vorgenommen werden c).

Bei der zirkularen Polarisation besteht zwischen den beiden senkrecht zueinander stehenden Wellen, deren elektrische Feldstärkevektoren denselben Betrag aufweisen, eine Phasenverschiebung um $\pi/2$. Projiziert man den Feldstärkevektor, der mit einer Kreisfrequenz von $\omega=2\pi\nu$ rotiert, auf eine Ebene senkrecht zum Strahl, so beschreibt dessen Spitze einen Kreis. Der Laserstrahl besitzt daher keine bevorzugte Absorptionsrichtung. Da jedoch die senkrechte und parallele Komponente wiederum unterschiedlich absorbiert wird, beschreibt der Feldstärkevektor nach der Reflexion im allgemeinen Fall eine Ellipse. Bild 4a) und 4b) zeigen diesen Zusammenhang. Trifft dieses elliptisch polarisierte Licht auf eine weitere, beliebig orientierte Oberfläche, müssen die parallelen und senkrechten Anteile des Feldstärkevektors (x´, y´-Koordinatensystem) unter Beachtung der Ellipsenform berechnet werden. Da jedoch nur die Werte der elektrischen Feldstärke bezüglich der Hauptachsen der Ellipse bekannt sind (x, y-Koordinatensystem), müssen diese in das System x´, y´ transformiert werden. Man erhält die Amplituden der transformierten Feldstärke E´ bezüglich der Achsen x´ und y´ durch parallel an die Ellipse angelegter Tangenten, wie es aus der Konstruktion in Bild 4c hervorgeht.

Die absorbierte Strahlintensität ergibt sich dann aus:

$$I_{abs} = \left(A_{\perp}\hat{E}_{x'}^2 + A_{\parallel}\hat{E}_{y'}^2\right) \qquad (2.8)$$

2.3.2 Gesamtabsorption der Kapillare durch Mehrfachreflexion

Das Laserstrahltiefschweißen ist durch das Ausbilden einer Dampfkapillare charakterisiert. In ihr wird der einfallende Strahl mehrfach reflektiert und bei jedem Auftreffen auf die Kapillarwand nach den in Kapitel 2.3.1 genannten Zusammenhänge teilweise absorbiert. Der Gesamtabsorptionsgrad A_{ges} gibt dabei an, welcher Leistungsanteil durch die Fresnelabsorption in der Kapillare absorbiert wird.

Der Gesamtabsorptionsgrad wird neben den optischen Eigenschaften des Werkstoffs maßgeblich durch die Geometrie der Kapillare bestimmt. Anhand der Gleichung von Gouffé [9], die die Absorption von Strahlung in einem Hohlkörper beschreibt, kann der Gesamtabsorptionsgrad abgeschätzt werden. Nähert man die Kapillarform durch einen Kegel der Tiefe t und dem Öffnungsdurchmesser D an, so ergibt sich [7]:

$$A_{ges} = \overline{A} \cdot \frac{1 + \frac{D}{2t} \cdot (1 - \overline{A}) \cdot (1 - \frac{D}{2t})}{\overline{A} \cdot (1 - \frac{D}{2t}) + \frac{D}{2t}} \tag{2.9}$$

Gleichung (2.9) zeigt, dass nicht die absolute Größe der Kapillare, sondern vielmehr das Verhältnis von Tiefe zu Durchmesser für den Gesamtabsorptionsgrad bestimmend ist. Dieses Verhältnis wird im Folgenden durch das Schachtverhältnis

$$S = \frac{t}{D} \tag{2.10}$$

angegeben. Setzt man den Kapillardurchmesser gleich dem Strahldurchmesser auf der Werkstückoberfläche, so ergibt sich der Verlauf des Gesamtabsorptionsgrads in Bild 5 für die Wellenlängen des Nd:YAG- und CO_2-Lasers und den Werkstoffen Eisen und Aluminium.

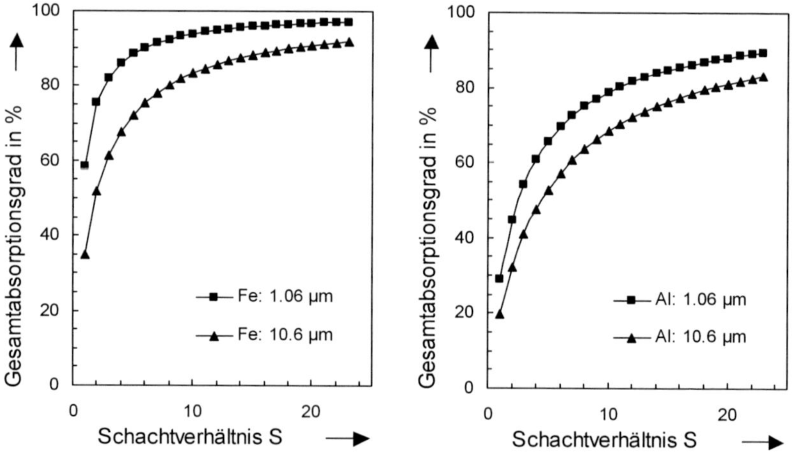

Bild 5: Einfluss des Schachtverhältnisses der Kapillare, des Werkstoffs und der Wellenlänge auf den Gesamtabsorptionsgrad der Kapillare.

Während beim Einsatz eines Nd:YAG-Lasers der Absorptionsmechanismus durch die Fresnel-Gleichungen maßgeblich beschrieben wird, erhöht sich beim Schweißen mit CO_2-Laser die Einkopplung durch Plasma in der Kapillare. Die Bedeutung der

Plasmaabsorption im Vergleich zur Absorption durch Vielfachreflexion beschreibt die Modellrechnung von [10]. Die Ergebnisse zeigen, dass die Plasmaabsorption mit zunehmenden Schachtverhältnis und zunehmenden materialspezifischen Absorptionsgrad bei der Gesamtabsorption an Bedeutung verliert.

Vergleichsrechnungen zur Absorption mit und ohne Plasmaeinfluss [11] zeigen, dass bei niedrigen Laserleistungen (0,5-5kW) der Beitrag der Plasmaabsorption in der Kapillare nur von untergeordneter Bedeutung für die Schweißnahttiefe ist. Schweißungen im Leistungsbereich größer 5kW weisen unter Einbeziehung der Plasmaauswirkungen (Defokussierung und Absorption in der Plasmafackel) eine vergleichsweise geringere Einschweißtiefe auf.

2.3.3 Reflektierte Laserleistung

Nachdem der Laserstrahl nach vielfacher Reflexion in der Kapillare aus dieser wieder austritt, verbleibt in ihm die nicht absorbierte Leistung unter der Voraussetzung, dass keine Transmission auftritt.

$$P_L = P_r + P_{Ages}; \qquad P_r = P_L - P_{Ages} = P_L\,(1-A_{ges}) = P_L\,R_{ges} \tag{2.11}$$

Mit Gleichung (2.11) und (2.9) wird die aus der Kapillare reflektierte Laserleistung als direkt messbare Größe zum Schachtverhältnis der Kapillare in Beziehung gesetzt.

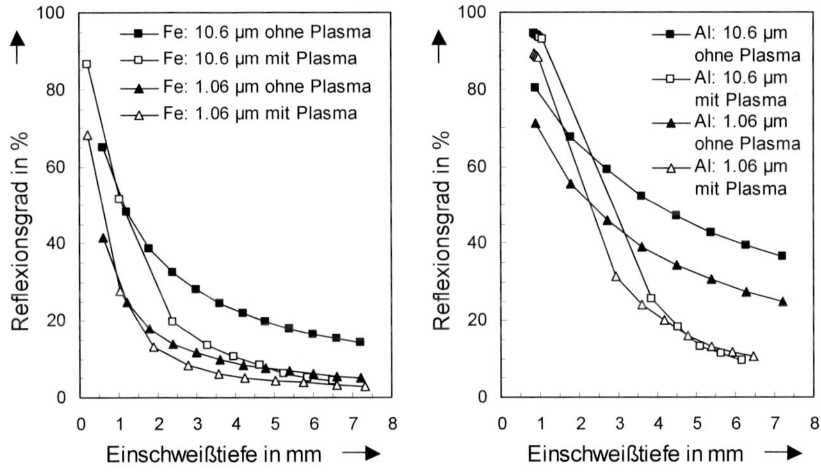

Bild 6: Zusammenhang zwischen Einschweißtiefe und Reflexionsgrad für kegelförmige Kapillaren, berechnet nach dem Modell von Gouffé [9] ohne Plasmaeinfluss und nach einem selbstkonsistenten Modell [10] mit Plasmaeinfluss.

Unter der Voraussetzung, dass der Kapillardurchmesser als konstant angenommen werden kann, ergibt sich der in Bild 6 gezeigte Zusammenhang zwischen Reflexionsgrad und Einschweißtiefe. Ein Vergleich der Kurven, die nach zwei unterschiedlichen Modellansätzen berechnet wurden [9] [10], zeigt qualitativ den Einfluss des Plasmas. Im Bereich kleiner Einschweißtiefen sind die Unterschiede geringfügig, insbesondere für den Werkstoff Eisen. Mit zunehmender Tiefe verringert sich der Reflexionsgrad durch ansteigende Plasmaabsorption. Die Charakteristik der Kurven bleibt jedoch qualitativ erhalten.

Der Reflexionsgrad der Kapillare bestimmt damit die Wirtschaftlichkeit des Schweißprozesses und bildet zugleich einen Indikator zur Prozessüberwachung.

3 Stand der Technik: Indikatoren der In-Prozess-Überwachung

Verschiedene Ansätze bestehender Prozessüberwachungssysteme für das Laserstrahlschweißen sind bezüglich des verwendeten Indikators in Bild 7 aufgeführt. Die Darstellung beschränkt sich auf Indikatoren für Online-Überwachungssysteme. Der nachfolgende Überblick kann aufgrund der vielfältigen Ansätze und Auswertemethoden nicht auf Vollständigkeit bestehen. Es werden exemplarisch Methoden aus aktuellen Forschungsarbeiten oder kommerziell erhältlichen Systemen dargestellt. Eine umfangreiche Übersicht zu Überwachungsmöglichkeiten und -systemen ist z.B. in [12] zusammengetragen.

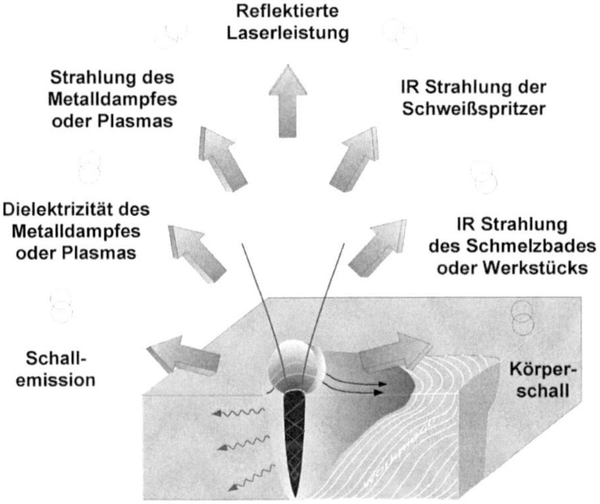

Bild 7: Indikatoren zur Online-Prozessüberwachung beim Laserstrahlschweißen.

3.1 Metalldampf und laserinduziertes Plasma

Während des Tiefschweißens entsteht eine Schweißfackel aus Metalldampf und Plasma, deren Emissionen nach darin enthaltenen Spektren, Dichteschwankungen und der Dielektrizität ausgewertet werden können. Diese Eigenschaften werden maßgeblich durch den Werkstoff, das Abströmverhalten des verdampften Materials, der Schutzgasatmosphäre in der Wechselwirkungszone und der Wellenlänge des Lasers bestimmt.

3.1.1 Optische Emissionen

Untersuchungen vieler Arbeitsgruppen zeigen, dass aufgrund des indirekten Zusammenhangs zwischen dieser Messgröße und dem Prozess zwar Störungen detektierbar, deren Ursache und Auswirkungen jedoch meist nicht quantifizierbar sind. Äußere Einflüsse, wie z.B. die Schutzgaszuführung und die Verwendung von Druckluftquerjets als Optikschutz können die Leuchtdichte und die Position der Schweißfackel kurzzeitig verändern, ohne wesentliche Auswirkungen auf den Prozess zu haben [13].

Die Emission der Schweißfackel über der Kapillaröffnung kann nach deren Leuchtdichte ausgewertet werden. Das Messverfahren nach [14] erlaubt durch aktive Triangulation die relative Fokuslage abzuleiten und nachzuführen. Der Strahlengang des Nd:YAG-Laser-Bearbeitungskopfes wird im Verfahren nach [15] genutzt, um die Metalldampfemissionen durch die Lichtleitfaser als Regelgröße für die Fokuslage und die Spaltbreite am Fügestoß zu messen.

Die spektrale Untersuchung der Plasmaemissionen gibt Rückschluss auf Elementgehalt und Plasmatemperatur, wodurch Störungen in der Schutzgaszuführung festgestellt werden können. Die Temperatur des Plasmas korrespondiert dabei auch mit der Einschweißtiefe [16]. Der Messaufwand ist jedoch nicht unerheblich.

Die Leuchtdichte des Metalldampfes bzw. des Plasmas über der Kapillare ist im Vergleich zu der innerhalb der Kapillare bei ausreichend großer Tiefe gering [17]. Wird die Leuchtdichte koaxial zum Laserstrahl bestimmt, so kann der Beitrag der durch äußere Einflüsse fluktuierenden Schweißfackel über der Kapillare vernachlässigt und ein Zusammenhang zur Kapillartiefe hergestellt werden. Unter Verwendung von bildgebenden Sensoren kann über die räumliche Verteilung der Leuchtdichte auf die Geometrie der Kapillare geschlossen und innerhalb bestimmter Parameterfenster Tiefe als auch Nahtdefekte nachgewiesen werden.

3.1.2 Akustische Emissionen

Die Dichteschwankungen des laserinduzierten Metalldampfes sind mit Schallemissionen verbunden, die entweder mit dem Umgebungsgas als Übertragungsmedium [18] oder auch als Körperschall [19] gemessen werden können. Beide Verfahren zeigen sich ohne entsprechende Gegenmaßnahmen sehr störanfällig gegen prozessfremde Einflüsse und können daher keine ausreichende Reproduzierbarkeit bieten. Körperschallabnehmer besitzen hinzu noch die ungünstige Eigenschaft, mit dem Werkstück nahe der Wechselwirkungszone direkt gekoppelt sein zu müssen.

3.1.3 Dielektrizität

Dieser Indikator bildet die Grundlage für die Standardmesstechnik zur Abstandsregelung beim Laserstrahlschneiden. Dort sind nur die niederfrequenten Anteile des kapazitiven Messsignals von Interesse. Charakteristische, höhere Frequenzbänder des Signals werden durch Störgrößen im Prozess beeinflusst. Bei geeigneter Sensorauslegung und Signalauswertung kann dadurch auf die Einschweißtiefe und die Fokuslage rückgeschlossen werden [20].

3.2 Kapillare, Schmelzbad und Schweißnaht

Die Eigenschaften des Schmelzbades, das die Kapillare begrenzend umgibt, sind maßgebend für die Nahtgeometrie und auch für Defekte, soweit sie in der schmelzflüssigen Phase entstehen. Messgrößen können deren Emissionen entnommen oder von außen beaufschlagt werden.

3.2.1 Optische Emissionen

Als qualitätsrelevanter Parameter wird in [21] die ortsaufgelöste Wärmestrahlung der Schmelze genutzt. Einsatz finden bildgebende Sensoren, kombiniert mit einer digitalelektronischen Bildauswerteeinheit. Damit ist es möglich, die Fläche des Schmelzbades und der Kapillaröffnung zu bestimmen, als auch deren Lage zueinander. Als Indikator zur Messung der Einschweißtiefe und Fokuslage dient das Verhältnis aus Schmelzbadgröße zum Abstand zwischen Kapillar- und Schmelzbadflächenschwerpunkt. Die technischen Möglichkeiten begrenzen derzeit den Aufbau eines Bildverarbeitungssystems unter den Prämissen Echtzeit und zugleich günstige Kosten. Die Methode ist bisher nur zum Schweißen von Stahlwerkstoffen mit CO_2-Laser qualifiziert.

3.2.2 Reflektivität

Durch Einsatz eines zusätzlichen Beleuchtungslasers kann die sonst das Schmelzbad überstrahlende Schweißfackel ausgeblendet werden. Die Reflexionen lassen dann die Schmelzbadkonturen bestimmen [22]. Aus diesen Dimensionen kann wiederum auf die Einschweißtiefe zurückgeschlossen werden. Einsatz finden hier z.B. Lichtschnittverfahren.

3.2.3 Akustische Emissionen

Die Körperschallmessung wird verwendet, um Risse bei konventionellen Schweißverfahren zu detektieren. Die erforderliche enge Kopplung zwischen Werkstück und Aufnehmer erschwert den Einsatz in der Serienfertigung. Obwohl die Aussagekraft dieses Indikators auf nur wenige Eigenschaften des Schweißergebnisses beschränkt ist, ermöglicht dieses Verfahren, Rissbildung zu erfassen [23].

3.2.4 Permeabilität

Durch die unterschiedliche Permeabilität der festen, schmelzflüssigen und gasförmigen Phasen des Werkstoffs können Änderungen dieser Zustände in der Wechselwirkungszone durch Messung eines induzierten Magnetfeldes nachgewiesen werden. Die bautechnischen Abmessungen derartiger elektromagnetischer Verfahren erschweren jedoch den Online-Einsatz [23].

Artverwand ist das elektromagnetisch-akustische Verfahren, welches nahezu denselben Aufbau verwendet. Jedoch werden hier durch das Wechselfeld Ultraschallwellen induziert und in das Bauteil geleitet. Deren Reflexionen an Unregelmäßigkeiten im Inneren des Bauteils können dann ausgewertet werden [24].

3.3 Zusammenfassung zum Stand der Technik

Das Schweißen mit dem Laserstrahl bietet im Vergleich zum konventionellen Schweißen eine Vielzahl von Indikatoren zur Prozessüberwachung. Viele wissenschaftliche Arbeitsgruppen haben sich mit unterschiedlichsten Messmethoden zur Erfassung dieser Indikatoren auseinandergesetzt. Ziel war dabei stets, das Messverfahren derart zu verfeinern, dass die Zuverlässigkeit und die Aussagekraft erhöht wird. Wesentliche Grundlage hierzu sind die physikalischen Zusammenhänge, die die Güte der Verknüpfung zwischen Indikator und Nahteigenschaft grundlegend bestimmen. Viele Indikatoren weisen dabei jedoch nur einen sehr mittelbaren, indirekten Bezug zu den Qualitätsmerkmalen aus. Durch Wechselwirkung unterschiedlicher Mechanismen des Schweißprozesses kann dieser Zusammenhang verfälscht werden.

Die Aussagekraft und Zuverlässigkeit eines Überwachungssystems kann durch Kombinationen mehrerer Sensoren erhöht werden. Die Realisierung eines Mehrdetektorensystems bietet sich vor allem dann an, wenn durch flankierende Messungen ergänzender Indikatoren wechselwirkende Einflüsse differenziert werden können. Nur dadurch wird die Basis für eine Prozessregelung bereitgestellt. Entsprechend der Störgrößen kann dann der Regelkreis die Steuergrößen nachführen.

Ist ein Indikator qualifiziert zur Erkennung bestimmter Merkmale, so wird die Messmethode selbst maßgebend für die Aussagekraft und Zuverlässigkeit. Für die Umsetzbarkeit der Methoden sind dann Kriterien wie Störeinflüsse, Zugängigkeit, Komplexität und Realisierbarkeit ausschlaggebend. Die Entwicklung entsprechender Messtechnik geht einher mit den Anforderungen der Mess- und Regelaufgabe.

Zukünftig werden bildgebende Sensoren, z.B. Kameras auf CCD- und CMOS-Basis, an Bedeutung gewinnen. Die Bildraten kommerziell verfügbarer, industriell einsetzbarer und ökonomisch sinnvoller Kamerasysteme sind für den hochdynamischen Laserschweißprozess ausreichend. Entsprechende Datenakquise und Verarbeitung zieht unmittelbar nach.

Die Messung der reflektierten Laserleistung als Indikator für die Nahtqualität wird im nachfolgenden Kapitel als neuartiger Ansatz vorgestellt. Die Methode verspricht aufgrund ihres unmittelbaren Bezugs zwischen Indikator und qualitätsrelevanter Kriterien eine hohe Aussagekraft und Zuverlässigkeit. Zugleich stellen geringe Anforderungen an die Messtechnik eine einfache Realisierbarkeit in Aussicht.

4 Theoretische Grundlagen des methodischen Ansatzes

4.1 Ansatz

Das in dieser Arbeit diskutierte Verfahren zur Prozesskontrolle basiert auf der Messung der aus der Kapillaren reflektierten Laserstrahlung. Während des Schweißens wird diese durch den Gesamtabsorptionsgrad der Kapillare quantifiziert, welcher wiederum maßgeblich durch deren Geometrie bestimmt ist. Der herausragende Vorteil dieses Verfahrens ist, dass die Geometrie der Kapillare einerseits die Charakteristik der reflektierten Laserstrahlung bestimmt, andererseits aber auch maßgebend für die Nahtqualität ist. Damit ist der Prozessindikator „reflektierte Laserstrahlung“ direkt mit den zu untersuchenden Eigenschaften gekoppelt. Die Reflexion der Dampfkapillare lässt sich dabei sowohl nach der Leistung der vom „Objekt“ reflektierten Strahlung als auch nach deren räumlichen Verteilung auswerten.

Entscheidend für die Validierung der Anwendung ist die Notwendigkeit, einen Zusammenhang zwischen signifikanten Kapillargeometrien, die den realen Tiefschweißeffekt charakterisieren, und der reflektierten Laserstrahlung herzustellen. Dieser Zusammenhang wird zunächst durch Verknüpfung unterschiedlicher Kapillarmodelle mit der Simulationsrechnung, die auf dem Modell der Mehrfachreflexion basiert, theoretisch hergeleitet.

Eingangsgröße für die Simulationsrechnung ist die Geometrie der Kapillare. Die hierfür verwendeten Kapillarmodelle basieren auf der Betrachtung unterschiedlicher theoretischer und empirischer Verfahren. Konkrete Geometrien der Kapillare werden für ungestört ausgebildete Formen und solchen, die typisch für Prozessporenbildung und Schmelzauswurf sind, dargestellt.

Das Modell der Mehrfachreflexion beschreibt die Strahlausbreitung innerhalb der Dampfkapillare durch vielfache Reflexion und Absorption an der Kapillarwand. Es zeichnet sich dadurch aus, dass die hier untersuchten Aspekte, die reflektierte Laserleistung und deren räumliche Verteilung, quantitativ wiedergegeben werden.

4.2 Geometrie der Dampfkapillare

Als entscheidende Eingangsgröße der Simulationsrechnung steht die Kapillargeometrie; sie begrenzt die Strahlausbreitung in der Kapillare und bestimmt damit die Vielfachreflexion. Entsprechend von Bedeutung ist daher eine realitätsnahe

Nachbildung verschiedener Geometrievarianten, wie sie im Schweißprozess charakteristisch auftreten können.

Bei der Modellbildung der Dampfkapillare wurde auf die sehr weit reichende Aufgabe, einen selbstkonsistenten Ansatz in der Simulationsrechnung zu verfolgen, verzichtet. Neben dem Absorptionsmechanismus in der Kapillare, der zur Berechnung der reflektierten Laserleistung benötigt wird, hätten ebenso die Wärmeleitung, Fluiddynamik und die Materialverdampfung mit berücksichtigt werden müssen, um deren Rückkopplung auf die Kapillargeometrie beschreiben zu können. Hingegen setzt die Modellbildung der Kapillare zur Berechnung der reflektierten Laserstrahlung auf Ergebnisse verschiedener theoretischer und experimenteller Betrachtungen auf, beginnend mit idealisierten Formen bis hin zu Geometrien, die Nahtdefekte nach sich ziehen, und versucht diese durch Plausibilitätsüberlegungen zu vereinen.

4.2.1 Idealisierte Dampfkapillare

Grundlegende theoretische Untersuchungen verwenden als Geometrie der Kapillare kegelförmige oder konische Formen. Selbst anhand dieser vereinfachten Modelle lassen sich bereits viele Wechselwirkungsmechanismen erklären. Unter Einbeziehung der Vielfachreflexion, der Wärmeleitung sowie der Verdampfung und Plasmabildung berechnet das Modell von [10] die Geometrie einer rotationssymmetrischen Kapillare für eine ideale Schweißung ohne Einbeziehung intransienter Prozesse.

Ein Modell, das obigen Ansatz um die Krümmung der Kapillarachse erweitert, die sich in Abhängigkeit der Vorschubgeschwindigkeit durch die Schmelzbadumströmung einstellt, behandelt die Arbeit von [25]. Es zeigt eine mit steigender Vorschubgeschwindigkeit zunehmende Neigung der Kapillarfront, die bei einer kegelförmigen Geometrie bisher nicht berücksichtigt wurde.

Eine freie, jedoch zweidimensionale Ausbildung der Kapillarkontur in der Ebene, die sich aus Vorschubrichtung und Strahlachse ergibt, liegt dem Modell von [26] zugrunde. Für jedes Element, das an die Kapillaroberfläche angrenzt, wird dessen resultierende Verschiebungsgeschwindigkeit berechnet, die sich aus den drei Komponenten Vorschubgeschwindigkeit des Laserstrahls, Bohrgeschwindigkeit der Kapillare in das Werkstück und Schließgeschwindigkeit der Kapillare zusammensetzt. Der Algorithmus ermöglicht, Profile bei der Kapillarausbildung zu berechnen. Durch die Wechselwirkung der unterschiedlichen physikalischen Prozesse und deren Rückkopplung auf die Kapillargeometrie zeigt dieses Modell auch zeitlich aufgelöst Oszillationen.

Typische Geometrien der Dampfkapillaren können auch experimentell näherungsweise bestimmt werden. Durch Messung der Kapillarausbildungszeit kann zusammen mit der Vorschubgeschwindigkeit der resultierende Geschwindigkeitsvektor an der Kapillarfront berechnet werden. Durch Messung des Zeitraums, den die Kapillare zum Durchdringen unterschiedlicher Werkstoffdicken benötigt, erhält man eine ortsaufgelöste Geschwindigkeitsverteilung der Kapillarfront und kann dadurch deren Neigung abschätzen [27]. Rückschluss auf die Kapillarfront gibt auch das erstarrte Schmelzbad, wenn der Laserstrahl während der Translationsbewegung abgeschaltet bzw. ausgeblendet wird. Die Neigung der im Längsschliff der Naht abzulesenden Erstarrungslinie beinhaltet jedoch auch den Einfluss der Wärmeleitung. Auf die Kapillarfront kann daher nur bedingt geschlossen werden. In Bild 8. sind der Verlauf der Kapillarfront für die unterschiedlichen Verfahren exemplarisch dargestellt. Es wird deutlich, dass die empirisch ermittelten Werte deutliche Diskrepanzen aufweisen, die vom Einfluss der notwendigen Probenpräparation bzw. der verwendeten Indikatoren selbst herrühren können. Jedoch lässt sich bei allen Versuchsergebnissen die gleiche Tendenz, eine zunehmende Neigung der Kapillarfront mit ansteigender Vorschubgeschwindigkeit, festhalten.

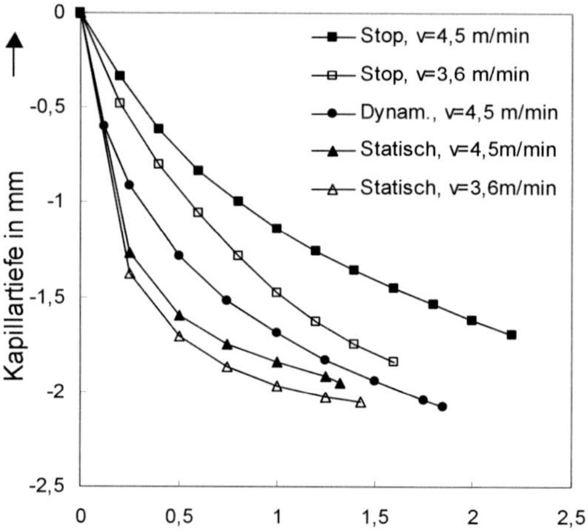

Bild 8: Kapillarfront bestimmt durch deren Ausbildungszeit für Stahl mit (Dynam.) und ohne (Statisch) Vorschubgeschwindigkeit und durch Ausblenden der Laserleistung (Stop) [27].

Ein ähnliches Verfahren verwendet kleinste Kontrolllöcher zur Vermessung der Kapillarfront in Abhängigkeit der Tiefe [28]. Diese werden senkrecht zur Schweißebene in unterschiedlichen Abständen zur Werkstückoberfläche eingebracht. Sobald beim Schweißen eines der Kontrolllöcher das Prozessleuchten aus der Kapillare emittiert, zeigt dies die Position der Kapillarfront an. Durch Zeitdifferenzmessung zu den in unterschiedlichen Tiefen angebrachten Löchern erhält man mit Einbeziehung der Vorschubgeschwindigkeit ein Profil der Kapillarfront.

Das Verfahren nach [29] lässt Rückschluss auf die laterale Ausbildung der Kapillare, zunächst ohne Betrachtung der Kapillarfront, zu. Durch Einbringung eines hochschmelzenden Kontrastwerkstoffs (Tantal), dessen Schmelztemperatur T_s größer oder gleich der Verdampfungstemperatur T_v des Grundwerkstoffs ist, kann in Schliffbildern der Schweißprobe zwischen Schmelzbad- und Kapillargeometrie unterschieden werden. Das Einbringen dieses Kontrastwerkstoffs in Form einer Folie diagonal über den Bereich der Einschweißung erlaubt eine ortsaufgelöste Messung der Kapillare entlang ihrer Ausbildungsrichtung. Die Kombination dieses Verfahrens mit oben beschriebenem Ausblenden des Strahls lässt Rückschlüsse auf die Kapillarfront zu. Hier kann die zuvor unbekannte Differenz zwischen Erstarrungslinie und tatsächlicher Kapillarfront (Schmelzfilmdicke) eliminiert werden. Ergebnisse zeigen den Einfluss der Fokuslage auf die mit Hilfe von Tantalstreifen ermittelte Kapillar- und Schmelzbadgeometrie. Bei einer Fokuslage über dem Werkstück ergibt sich eine nahezu zylindrische Kapillarform im Öffnungsbereich. Ein Bearbeitungsstrahl, dessen Fokus im Werkstück liegt, kann eine Einschnürung der Kapillare im Bereich der Öffnung bewirken. Die Einschweißtiefe erhöht sich gegenüber Fokuslagen über dem Werkstück. Entgegen den Ergebnissen für Stahl zeigt die höhere Temperaturleitfähigkeit und der niedrigere Schmelzpunkt des Werkstoffs Aluminium eine erheblich größere Schmelzfilmdicke. Die flankierende Beobachtung der Kapillaröffnung mit einer hochauflösenden Kamera zeigt ferner, dass sich der Kapillaröffnungsquerschnitt mit zunehmender Vorschubgeschwindigkeit von einer kreisförmigen zu einer elliptischen Geometrie verändert. Die kurze Halbachse steht dabei senkrecht zur Vorschubgeschwindigkeit. Gleichzeitig entfernt sich die Strahlachse von der Kapillarlängsachse hin zur Kapillarfront.

Einen sehr aufschlussreichen Weg beschreiten [30] bzw. [31] mit einem Verfahren, in dem durch Röntgenstrahlung die Ausbildung der Dampfkapillare im Inneren des Werkstücks online visualisiert wird. Die bisher durchgeführten Versuche beschränkten sich jedoch auf Anwendungen mit Elektronenstrahlen oder CO2-Laser höchster Leistungsklasse und sehr großen Einschweißtiefen. Es stellte sich heraus, dass der Schweißprozess im Allgemeinen nicht stabil ist, sondern die Dampfkapillare mit großer Dynamik fluktuiert.

4.2.2 Kapillardynamik

Die im vorhergehenden Kapitel beschriebenen theoretischen Methoden basieren auf der Voraussetzung, dass sich die Randbedingungen zur Berechnung der Kapillargeometrie stets durch das Energie- und Kräftegleichgewicht für den stationären Zustand ergeben. Schweißergebnisse zeigen hingegen unregelmäßige Oberraupen, Gaseinschlüsse in der Naht, Schmelzauswürfe und andere Nahtunregelmäßigkeiten, die sich durch eine Dynamik der Dampfkapillare begründen lassen [32]. Die Fluktuationen der Kapillare als Ursprung von Nahtdefekten konnte bereits in frühen Jahren [33] experimentell nachgewiesen werden.

Die Dynamik der Kapillare kann in radiale und axiale Oszillation unterteilt werden. Die Modelle von [26], [34], [35] und [36] zeigen hierfür typische Frequenzen von 300 bis 600 Hz, ansteigend mit zunehmender Vorschubgeschwindigkeit. Longitudinale Oszillationen (entlang der Kapillarachse) sind in Analogie zur Kapillarausbildungszeit bzw. Kollapszeit bestimmt. Typische Frequenzen liegen hier ebenso stets im Bereich kleiner 1kHz.

Charakteristische Amplituden der Schmelzbewegung ergeben sich nach Analysen mit Hochgeschwindigkeits-Videosystemen zu 0,05 bis 0,2 mm in Abhängigkeit des Werkstoffs und der Verfahrensparameter. Die Frequenzen belaufen sich dabei zwischen 150 und 300 Hz.

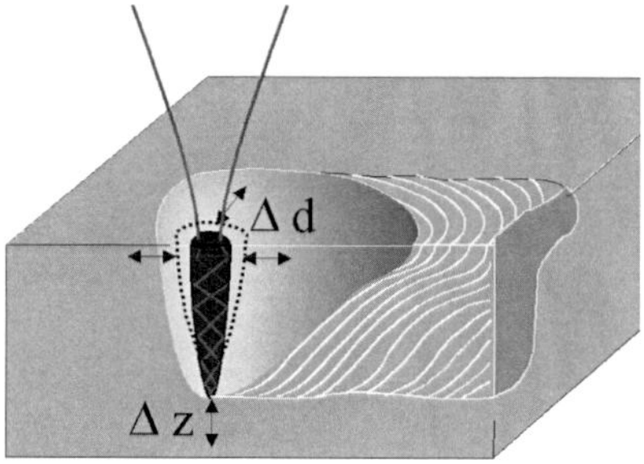

Bild 9: Radiale (Δd) und longitudinale Oszillation der Dampfkapillare (Δz).

Änderungen in der Laserleistung im Bereich nur weniger Prozentwerte können bereits sehr starke Auswirkungen auf die Kapillargeometrie haben. In der Kapillare werden 90 % bis 99 % der absorbierten Leistung dazu verwendet, die Kapillarwand auf Verdampfungstemperatur zu erhitzen. Nur die restliche, vergleichsweise geringe Energiemenge wird benötigt, die notwendige Verdampfungsrate zu erzeugen, die die Kapillare stabil hält. Erhöht sich die absorbierte Leistung nur geringfügig, so kann diese bei unveränderter Kapillargeometrie nicht in das Werkstück abgeleitet werden, sondern führt zu einer deutlich höheren Verdampfungsrate. Im gleichen Maße vergrößert sich der aus der Kapillare ausströmende Massenstrom, was zu einer Druckveränderung und letztendlich zu einer Anpassung der Kapillargeometrie führt [10].

Als Bedingung, ob sich einmal auftretende Störungen in der Kapillaroberfläche fortsetzen oder zerfallen, wird in den Stabilitätsbetrachtungen von [34] die Rayleigh-Instabilität [37] angeführt. Die Berechnungen ergeben, dass Instabilitäten in einer zylinderförmigen Dampfkapillare erst dann anwachsen können, wenn ihre Länge größer als der Umfang ist:

$$t > d\,\pi; \Leftrightarrow S \geq \pi \tag{4.1}$$

Daraus ergibt sich ein kritisches Schachtverhältnis der Kapillare von $S_{krit} = \pi$. Da bei dieser Betrachtung jedoch der direkte Einfluss der durch die Deformation veränderten Absorptionsbedingungen der Dampfkapillare unberücksichtigt bleibt, kann die Rayleigh-Instabilität nur als Initiator der Kapillaroszillationen verstanden werden.

Dadurch, dass die Oszillationen der Kapillare deren Durchmesser und Tiefe beeinflusst, wird sich die einhergehende Änderung im Schachtverhältnis je nach Amplitude auch auf die reflektierte Laserleistung auswirken. Es ist daher zu erwarten, dass sich das Messsignal der reflektierten Laserleistung aus entsprechenden Frequenzen zusammensetzt. Die Signifikanz dieser dem Prozess zugrunde liegenden Oszillationen muss aus diesem Grunde im Vergleich zu anderen Phänomenen (z.B. Formation von Prozessporen und Auswürfe), deren Ursprünge ebenfalls in der Kapillarfluktuation zu finden sind, diskutiert werden.

4.2.3 Prozessporenformation

Neben den Untersuchungen zu Kapillarformen, die den stabilen Schweißprozess charakterisieren, gibt es theoretische Ansätze, die Prozessinstabilitäten und daraus resultierender Porenbildung erschließen. Von Interesse für das Verfahren der Rückreflexmessung sind dabei prozesscharakteristische Poren, die aus Kapillarfluktuationen resultieren, im Gegensatz zu Mikroporen, die durch aus der Schmelze ausgeschiedenem, übersättigtem Wasserstoff (d.h. metallurgisch) entstehen. Die experimentellen Ergebnisse von [38] zeigen, dass das Auftreten großer Poren beim Laserstrahlschweißen nicht mit den bekannten Gesetzmäßigkeiten der Wasserstoffporenbildung erklärt werden kann.

Nach Überlegungen basierend auf den Modellvorstellungen in [10], [38] und [39] kann für das Laserstrahltiefschweißen der Prozess der Porenbildung gemäß Bild 10 schematisch dargestellt werden. Radiale Oszillationen in der Kapillare führen zu einer lokalen Reduktion des Kapillardurchmessers. Durch die Einschnürung wird das Ausströmen des Metalldampfes aus der Kapillare erschwert. Daraus ergibt sich ein Druckaufbau im Kapillargrund, der eine Vergrößerung des Kapillarvolumens hervorruft. Diese Volumenvergrößerung verdrängt die umgebende Schmelze und kann zusammen mit der Schmelzbadströmung die lokale Einschnürung verstärken. Zugleich erhöht sich lokal die Oberfläche der Kapillare, die Abdampfrate verringert sich aufgrund reduzierter Leistungsdichte. Dies kann schließlich zum vollständigen Abschnüren eines Hohlraums führen. Poren entstehen dann, wenn der untere Teil der Kapillare durch flüssiges Schmelzgut vom oberen abgetrennt wird und die so entstandene Schmelzbrücke schnell erstarrt, ohne dass der darunterliegende Hohlraum aufgefüllt wird. Der darin enthaltene Metalldampf kondensiert an den Wänden.

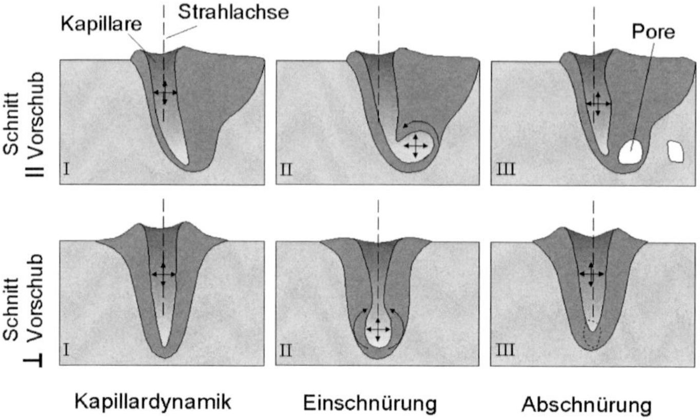

Bild 10: Modellvorstellung zur Prozessporenbildung (Ansicht im Schnitt parallel und senkrecht zur Vorschubgeschwindigkeit).

Aluminiumlegierungen sind infolge der durch die thermophysikalisch bedingten großen Schmelzbäder und der extrem niederviskosen Schmelze deutlich anfälliger für die Bildung von Nahtdefekten als Stahlwerkstoffe.

Die Häufigkeit von Prozessporen hängt von der kinetischen Energie und der Viskosität des abströmenden Metalldampfes ab, welche beide mit dessen Temperatur zunehmen. Die größere Dampftemperatur beim Schweißen mit CO_2-Lasern (11000-22000K) erhöht damit die Wahrscheinlichkeit der Prozessporenbildung im Vergleich zum Schweißen mit Nd:YAG-Laser (3000-8000K).

Vollständiges Durchschweißen der Bauteile zeigt eine geringere Anfälligkeit für Prozessporen. Ist die Dampfkapillare auf der Nahtunterseite geöffnet, so kann sich infolge der Ausgasung an der Wurzelseite keine Druckerhöhung aufbauen.

4.2.4 Schmelzauswurf

In Analogie zur Porenformation kann der Vorgang des Schmelzauswurfs beschrieben werden (Bild 11). Übersteigt die Druckkraft am Kapillargrund die Beharrungs- und Trägheitskraft der Schmelze, die wiederum von der Viskosität, der Oberflächenspannung und der Masse der Schmelze abhängen, wird dieser Bereich der Schmelze aus dem Schmelzbad geschleudert. Kann sich aufgrund zu geringer kinetischer Energie der Schmelze diese nicht ablösen, dann wird die Schmelze aufgeworfen und erstarrt auf der Schweißnaht bzw. fließt wieder in den Pool zurück.

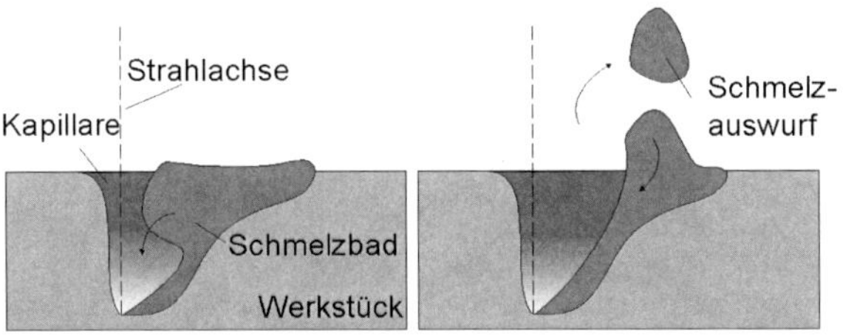

Bild 11: Modellvorstellung zur Entstehung eines Schmelzauswurfs (Ansicht im Schnitt senkrecht zur Vorschubrichtung).

Das Phänomen des Schmelzauswurfs ist jedoch nicht zu vergleichen mit der Entstehung kleinster Spritzer, die kugelförmig erstarren und häufig neben der Schweißnaht auf der Werkstückoberfläche anhaften. Das ausgeworfene Volumen ist dort um mehr als eine Größenordnung geringer.

4.3 Simulationsrechnung

Einfache Gleichungen zur Abschätzung der Vielfachreflexion und Absorption in vorgegebenen Geometrien zeigten bereits einen Zusammenhang zwischen Schachtverhältnis und Gesamtreflexionsgrad der Kapillare. Diese Algorithmen sind jedoch auf einfache Kapillarmodelle beschränkt. So kann mit der in Kapitel 2.3.2 vorgestellten Methode [9] die Vielfachabsorption in einer kegelförmigen Kapillare abgeschätzt werden [7]. Eine Formel aus [40] kann hierfür auch die Anzahl der Reflexionen abschätzen.

Die Algorithmen von [41] und [42] basieren auf dem Ansatz des Ray-tracing und lassen vielfältigere Geometrien zu. Diese Ansätze können erweitert werden für die Verwendung von Freiformflächen ähnlich denen, die experimentell beobachtet werden. Sie erlauben auch die Darstellung der aus der Kapillare reflektierten Laserleistung nach ihrer räumlichen Verteilung.

4.3.1 Netzdarstellung der Kapillaren

Die unter Kapitel 4.2 aufgezeigten Methoden dienen dazu, die Anforderungen an das Werkzeug darzulegen, die zu erfüllen sind, um die erwähnten Kapillargeometrien sowie deren Entartungen für die Simulationsrechnung darstellen zu können. Die

Kapillaroberfläche wird durch ebene Flächenelemente mit definiertem Normalenvektor angenähert. Aufbauend auf eine Grundform der Kapillaren, die aus den Betrachtungen zur statisch ausgebildeten Kapillaren abgeleitet ist, kann das daraus generierte Netz verzerrt werden.

Die Grundform besteht aus einzelnen Halbachsen a, b, c, die wiederum eine Funktion der Tiefe z sind:

$$a(z) = \frac{t + \Delta t}{\tan \varphi_a} \cdot \sqrt{\frac{2}{e} \ln\left(\frac{t + \Delta t}{\Delta t - z}\right)} \tag{4.2}$$

Bild 12 zeigt diese Funktion in Abhängigkeit der z-Koordinate und die Ellipsenbogen im Höhenschnitt der Kapillare für z = 0. Formparameter dieser Grundkontur sind die Halbachsen a, b, und c, die Tangentensteigung $\tan\varphi_{a,b,c}$ die Randüberhöhung Δt und die Kapillartiefe t. Durch die Wahl der Öffnungswinkel $\varphi_{a,\ b,\ c}$ können unterschiedlichste Querschnittsgeometrien, einschließlich einer kreisförmigen, erzeugt werden.

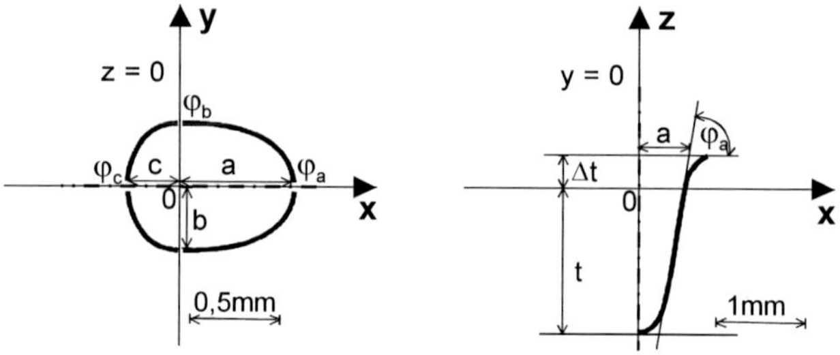

Bild 12: Nachbildung des Kapillarquerschnitts durch Ellipsenbögen mit den Halbachsen a, b, c und deren Abhängigkeit von der z-Achse.

Mit Hilfe der Konturfunktion werden in einem nächsten Schritt Knoten zur Erzeugung des Netzes, das die Kapillaroberfläche nachbildet, erstellt. Dazu wird die Modellkapillare horizontal in äquidistante Schnitte unterteilt. Jeder dieser Höhenschnitte Δz wird dann in gleich große Winkelabschnitte $\Delta \Phi$ zerlegt

Der erzeugten Netzstruktur können in definierten Bereichen Funktionen zur Verschiebung der Knotenpunkte superpositioniert bzw. einzelne Knotenkoordinaten korrigiert werden. Dadurch lassen sich z.B. Ausformungen gemäß dem Modell der Porenbildung generieren (Bild 13).

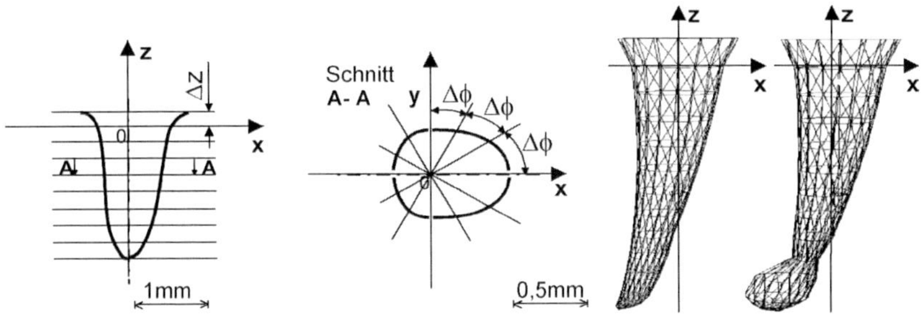

Bild 13: Höhenschnitte Δz und azimutale Unterteilung ΔΦ ergeben die Knotenpunkte zur Vernetzung der Kapillargeometrie. Durch lokale Manipulation der Knotenkoordinaten lassen sich beliebige Ausformungen gestalten.

4.3.2 Darstellung des Laserstrahls

In der Modellrechnung wird der Laserstrahl aus einem Bündel von Einzelstrahlen nachgebildet. Den einzelnen Strahlen wird entsprechend der Intensitätsverteilung des Laserstrahls eine Teilleistung ΔP_L der Laserstrahlleistung $P_{L\ ges}$ zugeordnet. Bild 14 zeigt diese Unterteilung des Laserstrahls bezüglich der Intensitätsverteilung.

Für die Parameterstudie sind zwei verschiedene Intensitätsverteilungen vorgesehen, konstant und gaußförmig. Die Verteilung der Teilleistungen für die Strahlen berechnet sich wie folgt aus:

$$\Delta P_L = \int_{r1}^{r2} I_{ges}(r) \cdot (\varphi_2 - \varphi_1) \cdot r \cdot dr \qquad (4.3)$$

Das Winkelsegment φ_2 - φ_1 ergibt multipliziert mit der radialen Ausdehnung dr die Querschnittsfläche des Teilstrahls. Durch den Flächenschwerpunkt sind gleichzeitig die Eintrittskoordinaten des Strahlfadens gegeben.

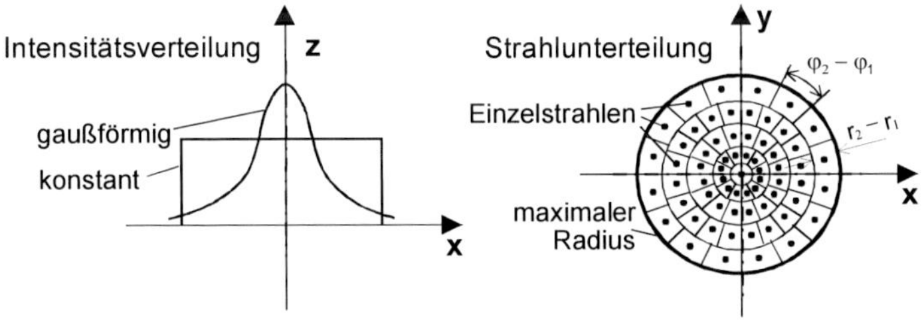

Bild 14: Nachbildung des Laserstrahls durch Unterteilung in Einzelstrahlen mit Leistungsanteilen gemäß der Intensitätsverteilung.

Die Strahlen sind des weiteren durch die Polarisation charakterisiert. In der Modellrechnung werden die lineare Polarisation senkrecht und parallel zur Vorschubrichtung, sowie die zirkulare bzw. elliptische Polarisation unterschieden.

Der Divergenz des Laserstrahls wird bei der Initialisierung der Richtung der Einzelstrahlen Rechnung getragen. Diese wird aus dem Strahlparameterprodukt (Gleichung 2.2) und der Fokussierbedingung (Gleichung 2.3), die durch die Abbildungsoptik vorgegeben ist, bestimmt.

Um die Position des Laserstrahls bezüglich der Hauptachse des Kapillarmodells variabel zu halten, kann ein Wert für den Strahlversatz bezüglich des Koordinatenursprungs in x- und y- Richtung angegeben werden.

4.3.3 Strahlpropagation in der Kapillare

Jeder Einzelstrahl wird nach den Gesetzen der geometrischen Optik in seinem Verlauf berechnet. Die Randbedingungen sind dabei die Start- und Richtungskoordinaten des Strahls und dessen Leistung sowie Polarisation.

Der Verlauf der Strahlen in der Kapillare ist durch eine Vielzahl von Reflexionen an der Kapillarwand charakterisiert. Jeder Strahl ist dabei als Gerade mit Aufpunkt und Richtungsvektor beschrieben. Mit dieser Geradengleichung wird zunächst das Flächenelement der Kapillaroberfläche lokalisiert, welches vom Strahl durchstoßen wird. Anschließend wird zu diesem Element die Flächennormale berechnet, sowie der Einfalls- und Ausfallswinkel des Strahls. Der Schnittpunkt ergibt dann den neuen Aufpunkt, der Ausfallwinkel den neuen Richtungsvektor des Strahls nach der Reflexion.

An diesem Ort der Reflexion wird die Absorption der Kapillarwand in Abhängigkeit von der Polarisation und dem Einfallswinkel des Laserstrahls berechnet (siehe Kapitel 2.3). Die Teilstrahlleistung vermindert sich entsprechend diesem Wert. Mit den neu berechneten Eigenschaften des Strahls durchläuft dieser erneut die Prozedur der Reflexion, solange bis er aus der Kapillare austritt. Dann wird die Geradengleichung des Strahlfadens mit den zuletzt berechneten Werten des Aufpunkts und des Richtungsvektors mit der Gleichung einer Halbkugel, die zur Visualisierung der reflektierten Strahlung dient (Kapitel 4.3.4), gleichgesetzt.

Bei der Simulationsrechnung wird die Absorption im Plasma im Vergleich zur Wandabsorption der Kapillaroberfläche nicht berücksichtigt.

4.3.4 Darstellung der reflektierten Laserleistung

Zur Visualisierung der aus der Kapillare reflektierten Laserstrahlung wird eine Halbkugel in einem vorgegebenen Abstand zur Kapillaröffnung definiert, auf deren Oberfläche die Leistung der auftreffenden Strahlen sichtbar gemacht wird. Dazu wird die Halbkugel durch Flächenelemente (gleichseitige Dreiecke) nachgebildet. Im nächsten Schritt werden für jedes Dreieck die Strahlleistungen der darauf treffenden Strahlfäden addiert und das Dreieck gemäß dem Anteil an der gesamten reflektierten Strahlung in unterschiedlichen Grautönen dargestellt.

Die Form der Halbkugel wurde deshalb gewählt, um die Verteilung der Auftreffpunkte der einzelnen Strahlfäden unverzerrt darzustellen und eine halbkreisförmige Anordnung der Photodioden im Versuchsaufbau zu berücksichtigen. Die angeführten Darstellungen der reflektierten Laserstrahlung sind dadurch maßstäblich auf die Ergebnisse des Versuchsaufbaus in Kapitel 6.1.1 übertragbar.

4.4 Ergebnisse der Simulationsrechnung

Der im vorhergehenden Kapitel beschriebene Algorithmus zur Berechnung der reflektierten Laserstrahlung wird in diesem Kapitel auf verschiedene Kapillarformen angewendet. Dies geschieht vor dem Hintergrund, den Prozess möglichst realitätsnah nachzubilden. So werden neben der störungsfrei ausgebildeten Kapillare auch typische Geometrien eingesetzt, die den instabilen Schweißprozess (Kapillarfluktuation, Porenbildung, Schmelzauswurf) charakterisieren.

4.4.1 Störungsfrei ausgebildete Kapillare

Die Gesamtabsorption einer Dampfkapillare wird in erster Näherung durch die Anzahl der Reflexionen innerhalb der Kapillare und die damit stets einhergehende Absorption der Laserleistung bestimmt. Die Anzahl der Reflexionen hängt, wie in Bild 15 schematisch dargestellt, vom Schachtverhältnis (Tiefe / Durchmesser) des Dampfkanals ab. Schlanke und tiefe Kapillaren weisen dabei eine größere Anzahl an Reflexionen auf, als Kapillaren mit großen Öffnungsdurchmesser und geringer Eindringtiefe. Hohe Werte für die reflektierte Laserleistung resultieren damit aus kleinen Schachtverhältnissen, da weniger Energie aufgrund einer verringerten Folge von Vielfachreflexion in das Werkstück eingekoppelt wird.

Die berechnete reflektierte und absorbierte Laserleistung für ungestört ausgebildete Kapillarmodelle zeigt Bild 16 und Bild 17. Die Geometrien der Dampfkapillaren wurden aus den Vorbetrachtungen in Kapitel 4.2 entwickelt. Sie sind charakterisiert durch unterschiedliche Tiefen und Flankenwinkel an der Kapillarfront- und Rückseite (rechte Bildseite) sowie an den Seitenflanken. Der Versatz des Kapillargrundes gegenüber der Öffnung berücksichtigt den Einfluss auf die Neigung der Kapillare durch die Umströmung der Schmelze. Die angesetzten Rechenparameter und der sich ergebende Reflexionsgrad sind in Tabelle 3 zusammengefasst [43].

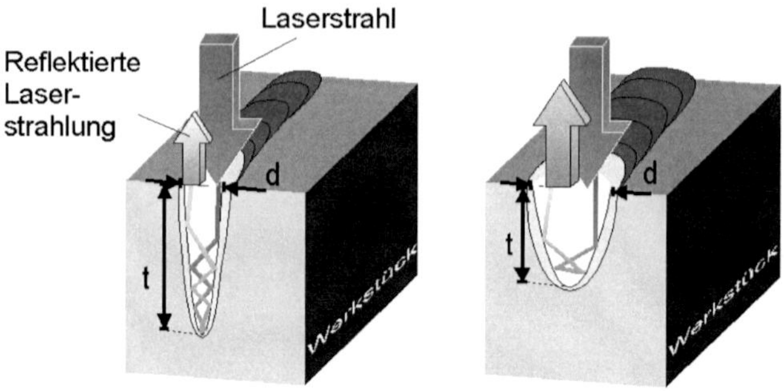

Bild 15: Schematische Darstellung der Auswirkung unterschiedlicher Schachtverhältnisse auf den Strahlverlauf und die Anzahl der Reflexionen.

Die Verteilung der reflektierten Leistungsdichte auf der Halbkugel über der Kapillare zeigt eine zunehmende Konzentration mit ansteigendem Schachtverhältnis. Der Dampfkanal richtet die Strahlung mit zunehmender Tiefe koaxial aus. Da in Anbetracht einer einfachen Realisierbarkeit des Verfahrens nicht die gesamte reflektierte Strahlung einbezogen werden kann, stellt die berechnete Leistungsverteilung eine wichtige Entscheidungshilfe zur Positionierung des Detektors dar. Betrachtet man hierfür z.B. einen außeraxialen Ausschnitt der Leistungsverteilung so kann dieser den Gradienten aus reflektierter Leistung und Schachtverhältnis noch erhöhen. Dieser Effekt ist insbesondere bei der Detektion von Nahtdefekten von Nutzen (siehe auch Kapitel 4.4.3).

Werte	Kapillare 1	Kapillare 2	Kapillare 3	Kapillare 4
Tiefe [mm]	0,49	1,47	2,45	4,9
Durchmesser der Öffnung [mm]	0,52	0,42	0,42	0,42
Schachtverhältnis	0,94	3,50	5,83	11,67
Relexionsgrad	0,45	0,15	0,07	0,01
Flankenwinkel Front: φ_1 [°]	88	88	88	88
Flankenwinkel Seite: φ_2 [°]	88,5	88,5	88,5	88,5
Flankenwinkel Rück: φ_3 [°]	88	88	88	88
Versatz Kapillargrund [mm]	0,049	0,147	0,245	0,49
Krümmung der Front	Quadratisch über die Tiefe aproximiert			
Wellenlänge [nm]	1064			
Optische Konstanten	k=5; n=3,6 (Stahl)			
Durchmesser der Halbkugel [mm]	100			
Position Mittelpunkt Halbkugel [mm]	x=0; y=0; z=100			

Tabelle 3: Rechenparameter zu den Darstellungen in Bild 16 und Bild 17.

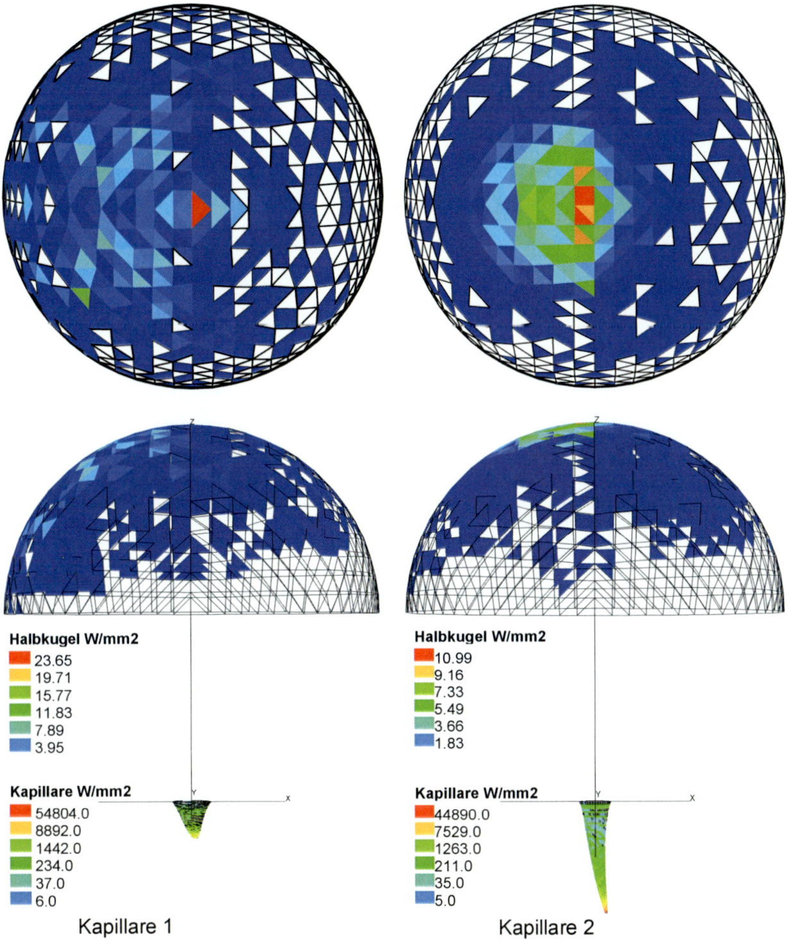

Bild 16: Darstellung der Leistungsdichteverteilung der reflektierten Laserstrahlung in Abhängigkeit des Schachtverhältnisses der Kapillare: $S_1 = 0{,}95$; $S_2 = 3{,}5$.

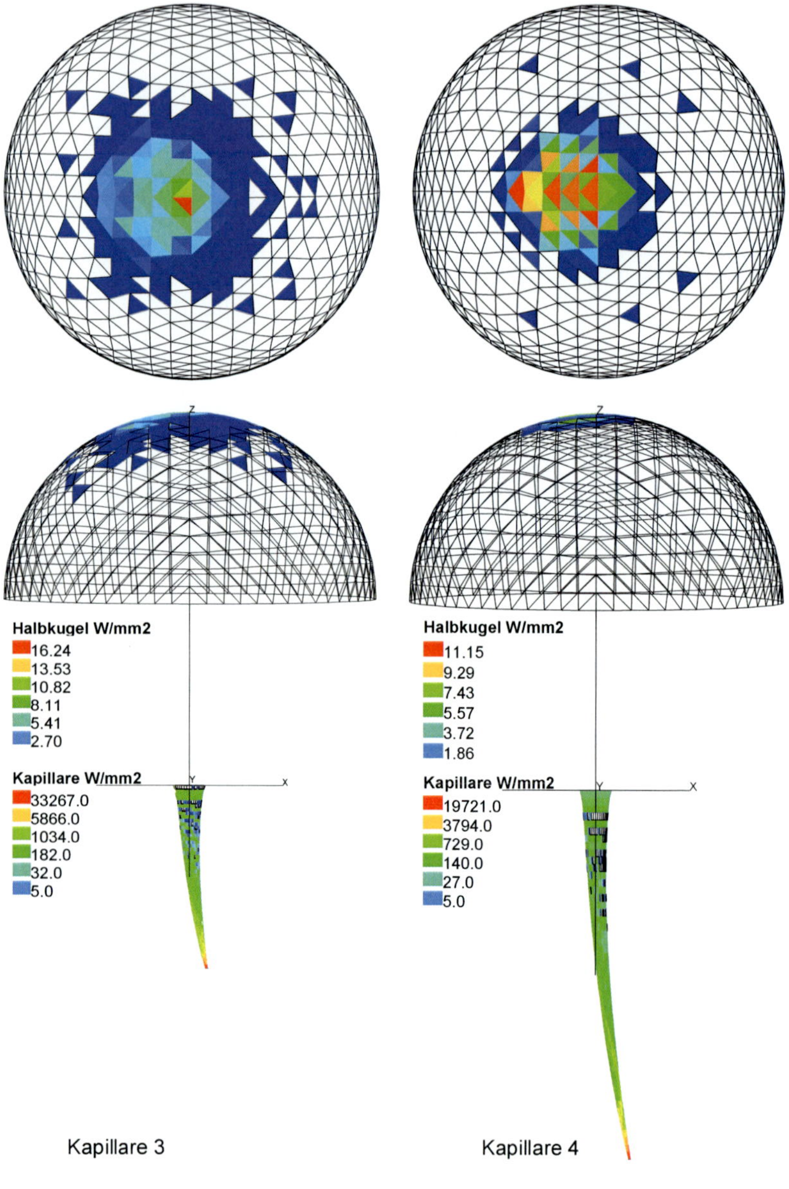

Bild 17: Darstellung der Leistungsdichteverteilung der reflektierten Laserstrahlung in Abhängigkeit des Schachtverhältnisses der Kapillare: $S_3 = 5{,}8$; $S_4 = 11{,}7$.

Betrachtet man den berechneten Gesamtreflexionsgrad als Funktion des Schachtverhältnisses, so weisen die Kurven eine asymptotische Annäherung bis hin zur vollständigen Einkopplung mit wachsendem Schachtverhältnis auf (Bild 18). Für die Nd:YAG-Laserstrahlung zeigt sich dieses Verhalten ab einem Schachtverhältnis von ca. S = 6. Im Gegensatz lässt der Einkoppelgrad der CO_2-Laserstrahlung erst bei einem Schachtverhältnis von ca. S = 11 eine asymptotische Annäherung erkennen. Begründet liegt dieser Unterschied in der kürzeren Wellenlänge der Nd:YAG-Laserstrahlung, die eine höhere Wandabsorption zur Folge hat (siehe Bild 3). Dadurch werden bereits bei kleinen Schachtverhältnissen hohe Einkoppelgrade erzielt.

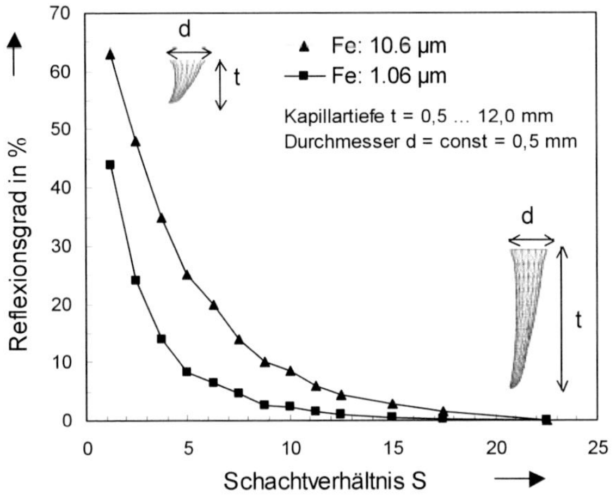

Bild 18: Nach dem Modell berechnete, reflektierte Laserleistung und Schachtverhältnis für zirkulare Polarisation (Parameter siehe Tabelle 3).

In Analogie zu den dargestellten Berechnungen können die Kurven aus Bild 18 auch mit anderen Durchmessern für die Kapillaröffnung erzeugt werden. Der charakteristische Verlauf bleibt dabei erhalten. Wird die Neigung der Kapillare bei gleicher Tiefe vergrößert, so erhöht sich die Anzahl der Reflexionen aufgrund der sich einstellenden größeren Reflexionswinkel. Dadurch wird die Einkopplung der Laserstrahlung bei gleichem Schachtverhältnis erhöht. Die Charakteristik der Kurven verändert sich qualitativ jedoch nicht [44].

4.4.2 Auswirkungen der Kapillardynamik

Das Laserstrahlschweißen ist kein stationärer Prozess, vielmehr ist die Kapillare durch ständige Oszillationen charakterisiert. Dies belegen Hochgeschwindigkeitsaufnahmen der Kapillaröffnung und Längsschliffe der Schweißnaht. Insbesondere gilt dies beim Werkstoff Aluminium, dessen schmelzflüssiger Zustand eine Viskosität vergleichbar mit Wasser bei Raumtemperatur besitzt. Fluktuationen der Kapillare setzen sich im Schmelzbad nahezu ungedämpft fort. Der Einfluss typischer Oszillationen auf das Schachtverhältnis und den Reflexionsgrad ist für das Schweißen von Aluminium mit Nd:YAG-Laser quantitativ in Bild 19 wiedergegeben. Unterschieden wird zunächst in axiale Oszillationen, deren Amplitude in erster Näherung den Änderungen der Einschweißtiefe entnommen wird. Die mittlere Einschweißtiefe t_m=2,7 mm ändert sich um Δt=+-0,3 mm. Das Schachtverhältnis fluktuiert dadurch mit ΔS=±0,4 um den Mittelwert S_m=3,4 und verursacht nun eine Änderung des mittleren Reflexionsgrades R_m=27 % um ΔR_t=±3 %.

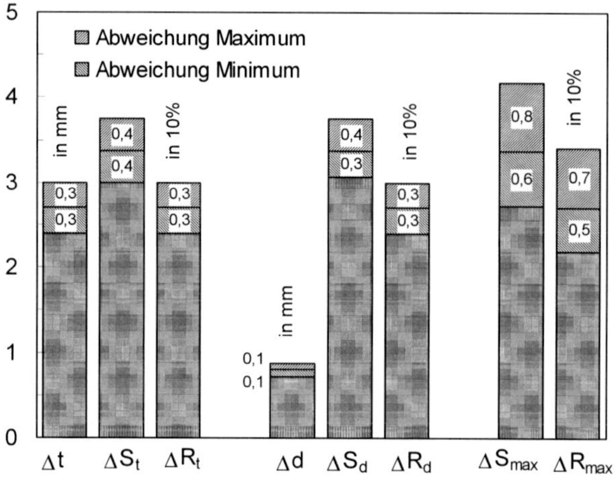

Bild 19: Änderungen im Schachtverhältnis durch axiale (Δt) und radiale (Δd) Oszillationen der Kapillare beeinflussen durch die resultierenden Änderungen im Schachtverhältnis (ΔS) erheblich den Reflexionsgrad (ΔR) beim Schweißen von Aluminium.

Hinzu kommt eine typische radiale Oszillation des mittleren Kapillardurchmessers d_m=0,8 mm um Δd=±0,1 mm, die ebenfalls eine Änderung des Reflexionsgrads von ΔR_d=± 3 % hervorruft. Das überlagerte Auftreten beider Oszillationsformen kann den resultierenden Reflexionsgrad ΔR_{max} um 12 % von R_1=22 % auf R_2=34 % ansteigen lassen. Bei einer Laserleistung von P_L=2500 W ändert sich damit die reflektierte Leistung um ΔP_R=300 W. Die analoge Betrachtung zum Werkstoff Stahl ergibt bei gleicher Einschweißtiefe eine maximale Änderung im Reflexionsgrad von ΔR_{max}=2,5 %.

Es steht zu erwarten, dass sich die Oszillation der Kapillare im Messsignal entsprechend den Abschätzungen zum Reflexionsgrad fortsetzt. Von großer Bedeutung ist nun, in welchem Verhältnis dazu Kapillaränderungen stehen, die zu Nahtdefekten führen. Dies wird in den nachfolgenden Kapiteln erörtert.

4.4.3 Prozessporenformation

Der Vorgang der Porenbildung lässt sich, wie in Kapitel 4.2.3 beschrieben, in drei kennzeichnenden Einzelbilder verdeutlichen. Dabei indiziert die reflektierte Leistung die Porenentstehung dadurch, dass die nach ausgebildeter Kapillare folgende Einschnürung zunächst noch eine koaxiale Ausrichtung des größten Leistungsanteils beibehält. Die Strahlen, die eine vermehrt horizontale Propagationskomponente durch die Ausrundung im Kapillargrund erhalten, werden häufig im Hohlraum der Pore reflektiert (bis zu 2000 Reflexionen je Strahl). Sie haben nach dem Austritt aus der Kapillare nur noch einen geringen Leistungsanteil.

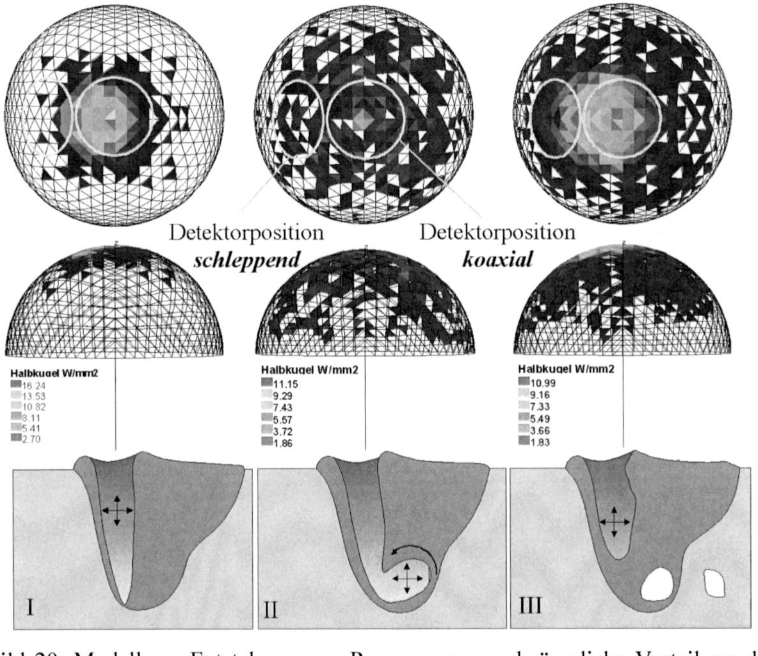

Bild 20: Modell zur Entstehung von Prozessporen und räumliche Verteilung der reflektierten Laserleistung: ungestört ausgebildete Dampfkapillare (I), Einschnürung (II) und Abschnürung (III) der Kapillare.

Nach Verschluss des Hohlraums ergibt sich eine hohe reflektierte Leistung mit großer Streuung. Mit zunehmender Tiefe der sich neu ausbildenden Kapillare nehmen dann sowohl Leistung als auch Streuradius wieder ab. Der Grund dafür ist wiederum die erhöhte Einkopplung und zunehmende Parallelisierung der reflektierten Strahlen durch ein steigendes Schachtverhältnis.

Nach Berechnung der reflektierten Laserleistung und des Reflexionsgrades für die Kapillargeometrien in Bild 20 lassen sich mit dem Diagramm in Bild 18 die entsprechende Änderung vergleichbarer Schachtverhältnisse S finden. Die Werte für Kapillartiefe t und Durchmesser d sind in Tabelle 4 zusammengefasst. Der Vergleich dieser Werte mit denen der Kapillaroszillation aus Kapitel 4.4.2 zeigt, dass die Unterschiede nur gering sind. Von einer sicheren Differenzierung zwischen Kapillaroszillation und Prozessporenformation kann an dieser Stelle indessen noch nicht ausgegangen werden.

	Zustand I	Zustand II	Zustand III	Änderung Δ_{max}
t in mm	2,7	3,7	2,4	1,3
d in mm	0,80	0,72	0,83	1,1
S in mm	3,4	5,0	2,9	2,1
R in %	27	17	32	15

Tabelle 4: Geometrie der Dampfkapillare und berechneter Reflexionsgrad gemäß dem Modell in Bild 20 (weitere Parameter aus Tabelle 3).

Aus der Verteilung der reflektierten Laserleistung wird bereits deutlich, dass ein zum Laserstrahl koaxial positionierter Detektor von Signaländerungen durch die Porenformation im Wesentlichen unberührt bleibt. Eine integrale Messung der gesamten reflektierten Laserleistung ist nur beschränkt aussagefähig. Unter Einbeziehung der räumlichen Verteilung hingegen lässt sich die Aussagekraft verbessern. Ein schleppend angeordneter Detektor erfährt eine deutliche Änderung in der beaufschlagten Laserleistung. So wird dieser bei einer ungestörten Kapillargeometrie zunächst ein sehr geringes Signalniveau anzeigen, eine Einschnürung dieses Niveau anheben und erst die gänzliche Abschnürung der Kapillare einen hohen Signalgradienten erzeugen. Betrachtet man die Leistungsverteilung aus Bild 20/I im Vergleich zu III, so ergibt sich ein maximaler Signalgradient hinsichtlich der Porenformation von

$I_{(I)}: I_{(II)}: I_{(III)}=3{,}4: 3{,}0: 1{,}0$ für einen koaxial und

$I_{(I)}: I_{(II)}: I_{(III)}=1{,}0: 6{,}1: 17$ für einen schleppend angebrachten Detektor.

Zur Berechnung wurde eine kreisförmige Detektorfläche mit einem Durchmesser von 35mm bei einem Halbkugeldurchmesser von 100mm angenommen; die schleppende Position ist durch 30° zur Strahlachse definiert.

Dies hingegen bedeutet auch, dass maßgeblich nur die abgeschnürte und verkürzte Kapillare (Zustand III) durch das Messsignal indiziert wird. Ob zuletzt jedoch ein Hohlraum in der Naht verbleibt oder aber ein anderer Effekt zur Veränderung des Schachtverhältnisses geführt hat, kann anhand der Signaländerung nicht mit Sicherheit belegt werden. Dagegen ist der umgekehrte Schluss erlaubt: Treten im Signalverlauf keine lokalen Maxima auf, die eine Abschnürung kennzeichnen, dann muss das Schweißergebnis frei von Prozessporen sein.

Auffällig am Verhältnis $I_{(I)}:I_{(III)}$ des koaxialen Messbereichs ist der Wert größer eins. Dies deutet an, dass trotz geringerem Schachtverhältnis des Zustands III und deutlich höherer Gesamtreflexion im Vergleich zu Zustand I der koaxiale Detektor ein niedrigeres Signalniveau zeigen kann. Betrachtet man jedoch die gesamte reflektierte Leistung, so kehrt sich das Verhältnis um. Dies betont die Bedeutung der Messposition, vor allem auch bei der Messung der Eindringtiefe der Kapillare.

4.4.4 Schmelzauswurf

Setzt man die Kapillargeometrien, die einen Schmelzauswurf modellhaft beschreiben (Kapitel 4.2.4), in die Simulationsrechung ein, so ergibt sich die in Bild 21 beschriebene Verteilung der reflektierten Laserstrahlung. Ein großer Teil der Schmelze, die an die Kapillare angrenzt, wird ausgeworfen. Dadurch nimmt der Durchmesser der „Kapillare" zu, das Schachtverhältnis verringert sich deutlich. In Folge vermindert sich zum einen die parallelisierende Wirkung der Dampfkapillare, sodass die Streuung der reflektierten Strahlung zunimmt. Zum anderen erhöht sich auch die gesamte reflektierte Laserleistung.

Die Änderungen der Kapillargeometrie in Durchmesser und Schachtverhältnis nach obigem Modell sowie der resultierende Reflexionsgrad sind in Tabelle 5 zusammengefasst. Durch die vergleichsweise großen Schmelzbäder des Werkstoffs Aluminium

	Zustand I	Zustand II	Zustand III	Änderung Δ_{max}
t in mm	2,7	2,7	2,7	0
d in mm	0,80	1,0	2,3	1,5
S in mm	3,4	2,7	1,2	2,2
R in %	27	31	53	26

Tabelle 5: Geometrie der Dampfkapillare und berechneter Reflexionsgrad gemäß dem Modell in Bild 21 (weitere Parameter aus Tabelle 3).

ändert sich der Öffnungsdurchmesser erheblich. Das Ereignis sollte aufgrund des deutlichen Anstiegs im Reflexionsgrad durch Messung der reflektierten Leistung eindeutig identifizierbar sein.

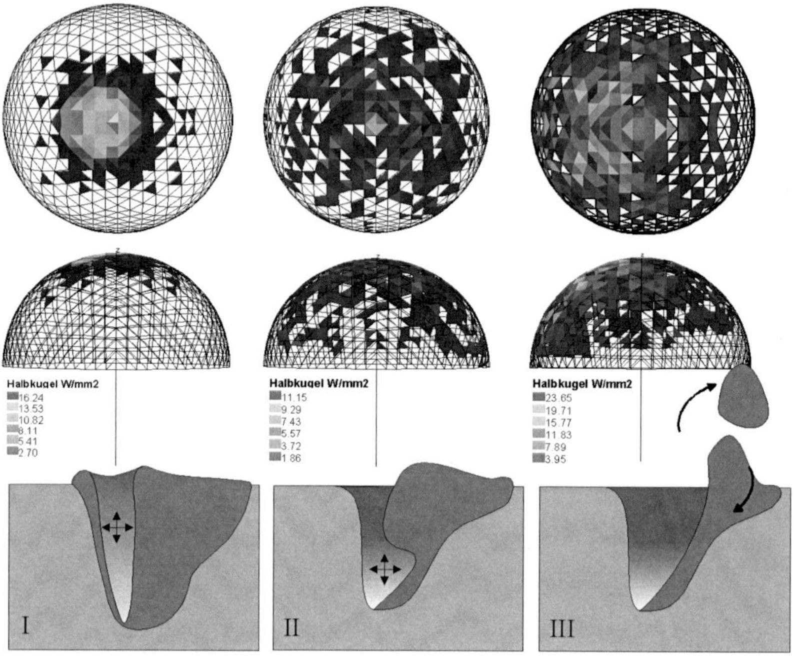

Bild 21: Modell zur Entstehung eines Schmelzauswurfs und räumliche Verteilung der reflektierten Laserleistung: ungestört ausgebildete Kapillare (I), Einschnürung (II) und Auswerfen der Schmelze (III).

4.5 Zusammenfassung der theoretischen Grundlagen

Die Modellbildung dient dem Zweck, typische Kapillargeometrie für prozesscharakteristische Phänomene nachzubilden. Die Eigenschaften einer ungestört ausgebildeten Kapillargeometrie konnten der Literatur entnommen werden. Zur Entstehung der Prozessporen und Schmelzauswürfen wurden in Anlehnung an bestehende theoretische Ansätze und experimentelle Beobachtungen beschreibende Modelle entworfen.

Die Abhängigkeit der reflektierten Laserstrahlung von der Kapillargeometrie wurde mit Hilfe einer Simulationsrechnung erschlossen. Das dazu entwickelte Programm basiert auf dem Verfahren des Ray-tracing und arbeitet nach den Gesetzen der geometrischen Optik.

Der Reflexionsgrad der Kapillare hängt von deren Schachtverhältnis ab. Die reflektierte Laserstrahlung erfährt mit geringen Schachtverhältnissen der Kapillare einen zunehmenden Raumwinkel der Streuung.

Oszillationen der Kapillare, die vor allem mit dem Schweißen von Aluminiumwerkstoffen einhergehen, erzeugen durch die gekoppelte Änderung im Reflexionsgrad spezifische Amplituden in der reflektierten Laserleistung. Ausgehend von einem mittleren Schachtverhältnis wird deren Betrag durch den asymptotischen Zusammenhang zwischen Reflexionsgrad und Schachtverhältnis bestimmt.

Der theoretische Ansatz zur Erklärung der Porenbildung und die daraus abgeleiteten Kapillarmodelle machen deutlich, dass die Entstehung einer Prozesspore zunächst mit einem dafür charakteristischen Signalverlauf einhergehen muss. Die Phase der Kapillarein- und abschnürung hat jedoch nur einen unerheblich größeren Einfluss im Vergleich zu typischen, prozessbegleitenden Oszillationen der Kapillare und ist damit nicht signifikant von diesen zu unterscheiden. Hinzu kommt, dass keine Aussage über den tatsächlichen Verbleib eines Poreneinschlusses möglich ist.

Die Simulationsrechnung erweist die schleppende Detektorposition als jene mit besonders günstigen Signalgradienten zur Messung von Änderungen im Schachtverhältnis der Kapillare. Die integrale Messung der reflektierten Laserleistung kann signifikante Änderungen in der räumlichen Verteilung der reflektierten Laserstrahlung nicht auswerten und erweist sich dadurch als weniger aussagekräftig. Dies ist sowohl bei der Detektion von Abschnürungen als auch bei der kontinuierlichen Messung der Eindringtiefe der Kapillare zu berücksichtigen.

Die vergleichsweise großen Änderungen im Öffnungsdurchmesser der Kapillare, die aus einem Schmelzauswurf resultieren, führen zu erheblichen Änderungen im Reflexionsgrad als auch in der räumlichen Verteilung der reflektierten Laserleistung.

5 Visualisierung der Dampfkapillare

5.1 Einleitung

Die im theoretischen Teil dieser Arbeit getroffenen Annahmen und Folgerungen sollen in diesem empirischen Teil experimentell belegt werden. In Analogie dazu gliedert sich dieses Kapitel in Untersuchungen zur Kapillargeometrie und Schmelzbaddynamik für den ungestörten Schweißprozess, insbesondere aber auch für die Phänomene Porenbildung und Schmelzauswurf.

Typische äußere Abmessungen der Kapillargeometrie werden exemplarisch durch die Analyse von Hochgeschwindigkeits-Videobildern bestimmt (Kapitel 5.2). Eine In-Prozess-Röntgendurchstrahlung des Werkstücks zeigt die Ausbildung und Dynamik der Dampfkapillare im Inneren des Werkstoffs (Kapitel 5.3). Die zuvor aufgestellten Modelle können anhand dieser Ergebnisse diskutiert werden.

Beide Methoden der Visualisierung werden simultan eingesetzt. Typische im Schweißprozess auftretende Ereignisse können identifiziert und zur flankierenden Messung der reflektierten Leistung korreliert werden (Kapitel 6).

5.2 Hochgeschwindigkeits-Videoaufnahmen

Ziel der zeitlich hochaufgelösten Visualisierung des Schweißprozesses ist die Charakterisierung des Öffnungsdurchmessers der Dampfkapillare hinsichtlich Oszillationen als auch singulärer Phänomene. Stellt sich dieser über typische Parameterfenster hinweg in erster Näherung als konstant dar, so kann aus dem Schachtverhältnis auf die Einschweißtiefe geschlossen werden.

5.2.1 Versuchsaufbau Hochgeschwindigkeits-Kamera

Eine schnelle Digitalkamera der Firma Kodak (EktaPro HS 4540) mit einer maximalen Bildrate von 40,5 kHz bildet das Kernstück des Messaufbaus (Bild 22). Eine entsprechende Objektivauslegung realisiert einen Bildausschnitt von 5 mm Breite und 3 mm Höhe. Die Aufnahmefrequenz der Kamera wird zu 13500 Bilder/s gewählt. Sie erwies sich als ausreichend, Fluktuationen in der Wechselwirkungszone lückenlos darzustellen.

Da das Eigenleuchten des Metalldampfes besonders im Bereich der Dampfkapillare zu einer lokalen Überblendung führen kann, wird ein frequenzverdoppelter Nd:YLF-Laser, der gepulst mit einer Wellenlänge von 523 nm betrieben werden kann, zur

Fremdbeleuchtung der Wechselwirkungszone verwendet. Die kurzen Lichtpulse von 2 ns (Belichtungszeit der Kamera: 75 µs) gewährleisten Aufnahmen ohne Bewegungsunschärfe. Zugleich wird ein schmalbandiger Interferenzfilter, dessen Zentralwellenlänge mit der des Beleuchtungslaser übereinstimmt, vor dem Objektiv der Kamera befestigt. Damit kann sichergestellt werden, dass der breitbandig emittierende Metalldampf nicht zur Überstrahlung der Videoaufnahme führt.

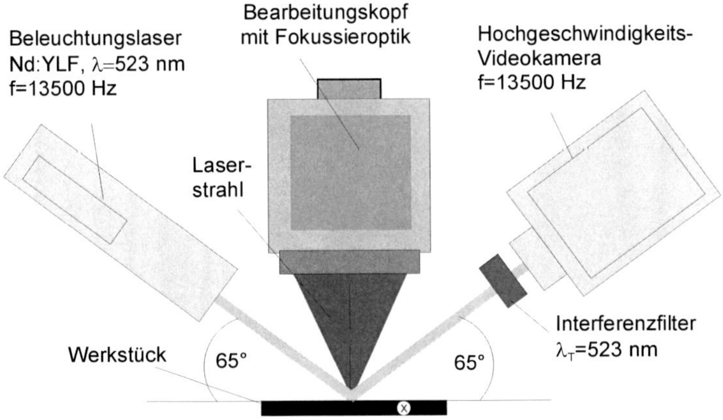

Bild 22: Schematische Abbildung des Versuchsaufbaus zur Hochgeschwindigkeits-Videoaufzeichnung des Schweißprozesses.

Alternativ zu dieser seitlichen Kameraposition werden beim Schweißen mit Nd:YAG-Laser auch Aufnahmen koaxial zum Bearbeitungsstrahl durchgeführt. Dies erlaubt der Strahlteiler in der Bearbeitungsoptik, der den Laserstrahl um 90° reflektiert, für die sichtbare Strahlung des Beleuchtungslasers jedoch transparent ist. Die koaxiale Kameraposition ermöglicht dann eine zum Werkstück senkrechte Perspektive zur Vermessung der Kapillaröffnung und des Schmelzbades.

5.2.2 Durchmesser der Kapillaröffnung

Die laserstrahlkoaxiale Perspektive liefert unter Bestimmung des Abbildungsmaßstabs direkt die Abmessungen der Kapillaröffnung. Die Versuche zu Einschweißungen in Stahl und Aluminium mit Nd:YAG-Laser ergeben für die verwendeten Parameter einen mittleren Durchmesser von 0,8 mm (Bild 23). Das Diagramm zeigt darüber hinaus, dass der Durchmesser in weiten Grenzen konstant und unabhängig von der Vorschubgeschwindigkeit und Fokuslage ist. Dies deutet darauf hin, dass zum einen der Öffnungsdurchmesser in erster Ordnung nicht von der laserstrahlbeaufschlagten Werkstückoberfläche bestimmt wird; in diesem Fall müsste der Öffnungsdurchmesser dem Strahldurchmesser in Abhängigkeit der Fokuslage folgen. Zum anderen spielen für den Öffnungsdurchmesser auch die Strömungsverhältnisse im betrachteten Parameterfenster keine signifikante Rolle. Der mittlere Durchmesser verringert sich mit zunehmender Vorschubgeschwindigkeit nur geringfügig, eine elliptische Ausformung der Öffnung ist im Rahmen der vorgegebenen Messauflösung nicht feststellbar.

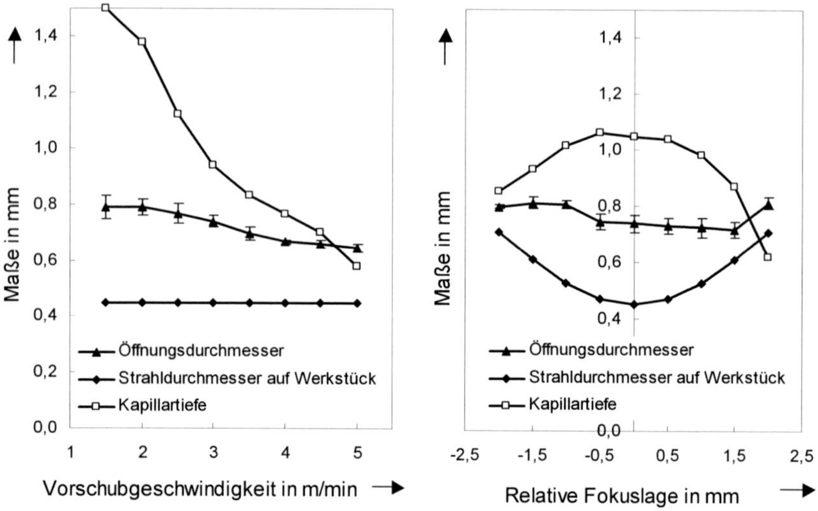

Bild 23: Durchmesser der Kapillaröffnung in Abhängigkeit der Fokuslage (P_L = 1,0 kW, z_F = 0 mm) und der Vorschubgeschwindigkeit (P_L = 1,0 kW, v = 3 m/min) bei Einschweißungen in St14 mit Nd:YAG-Laser.

Eine Defokussierung über den Wert der Rayleighlänge (z_R = 1,64 mm) hinaus führt zu dem Effekt, dass der Strahldurchmesser größer als die Kapillaröffnung sein kann. Dies bedeutet, dass ein Teil der Laserleistung direkt von der ebenen Werkstückoberfläche reflektiert wird. Da dieser Anteil nicht den Mechanismus der Vielfachabsorption durchläuft, bringt er keine Aussage aus dem Inneren der Kapillare hervor und verändert dadurch die grundlegenden Zusammenhänge.

Der Werkstoff Aluminium verhält sich in Analogie zu Stahl (Bild 24). Mit zunehmender Vorschubgeschwindigkeit verringert sich der mittlere Öffnungsdurchmesser im Vergleich zur Kapillartiefe nur geringfügig, jedoch fluktuieren die Messwerte in deutlich größeren Grenzen. Abweichungen zum mittleren Durchmesser der Kapillaröffnung von mehr als 30 % sind möglich. Diese Fluktuationen können auch zu direkter Reflexion an der Werkstückoberfläche führen. Obwohl das Schachtverhältnis der Kapillare maßgeblich von der Einschweißtiefe bestimmt ist, wird dadurch der Zusammenhang zur reflektierten Laserleistung verändert.

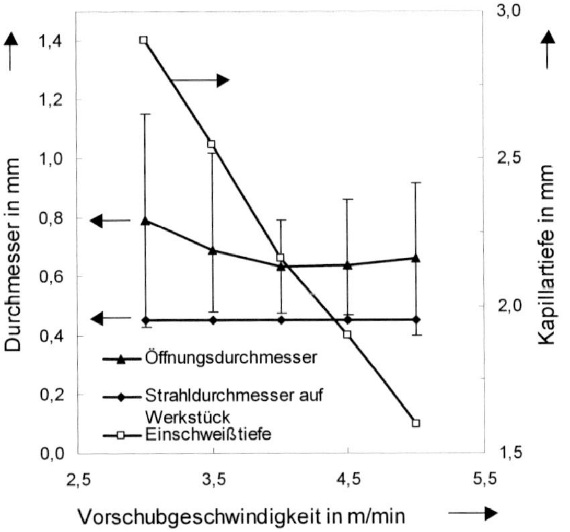

Bild 24: Durchmesser der Kapillaröffnung in Abhängigkeit der Vorschubgeschwindigkeit (P_L= 2,5 kW, z_F= 0 mm, $\dot{V}$ = 30 l/min He) bei Einschweißungen in AA6110 mit Nd:YAG-Laser.

5.2.3 Prozessdynamik

Das generelle Fluktuieren der Kapillare und die einhergehenden Amplituden zeigen sich bei der Visualisierung des Schweißprozesses aus der seitlichen Perspektive. Aufnahmen in Versuchsreihen mit dem Werkstoff Aluminium (AA6110) zeigen deutliche Wellenbewegungen im Schmelzbad mit einer typischen Frequenz von ca. 350 Hz und einer Amplitude von ca. 0,7 mm. Stellenweise „kollidieren" Wellen, die vom Schmelzbadende zurücklaufen, mit dem aus der Kapillare strömenden Metalldampf. Die Schmelze am Kapillarrand wird dabei vom ausströmenden Metalldampf verdrängt

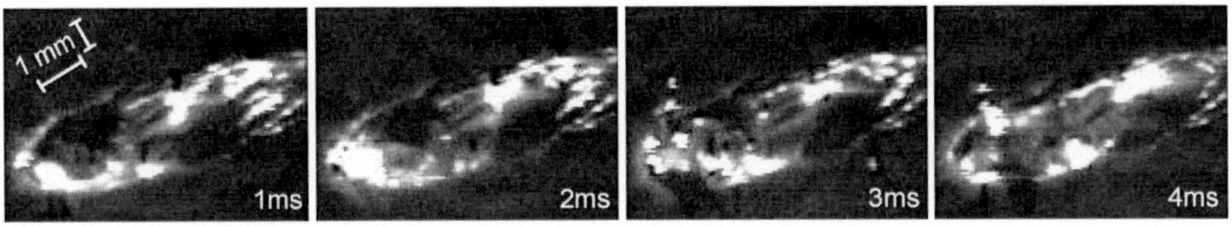

Bild 25: „Kollision" einer Schmelzbadwelle mit der Metalldampfströmung (AA6110, P_L= 2,7 kW, v = 4 m/min, z_F= 0 mm, $\dot{V}$ = 30 l/min He).

und aufgrund der Tangentialkräfte in der Strömung mitgerissen. Es bildet sich eine Schmelzkrone um die Kapillaröffnung aus; daraus resultierende Spritzer lassen sich auf Einzelbildern festhalten (Bild 25).

Die resultierenden Oszillationen der Kapillaröffnung beeinflussen die reflektierte Laserleistung. Schachtverhältnisse der Kapillare von 10 und mehr emittieren weniger als 10 % der einstrahlenden Laserleistung. Direkte Reflexionen einer eingeschnürten Kapillaröffnung tragen dann einen vergleichsweise hohen Anteil bei.

Aufgrund der sehr viel kleineren Amplituden dieser Wellenzüge bei Schweißungen im Werkstoff Stahl (kleineres Schmelzbadvolumen, höhere Viskosität der Schmelze) ist der Beitrag direkter Reflexionen dort deutlich geringer. Die unterschiedlichen Einflüsse der Schutzgase Helium und Argon auf die Prozessdynamik können ebenfalls gezeigt werden. Die Argon-Atmosphäre erhöht die Schmelzbaddynamik und korrelierend dazu den Anteil direkter Reflexionen.

5.2.4 Schmelzauswurf

Die nachfolgende Bilderserie zeigt die Entstehung eines Schmelzauswurfs beim Schweißen von Aluminium (Bild 26): Der stationäre Gleichgewichtszustand des Schweißprozesses (1) wird durch einen kurzzeitigen Druckanstieg in der Kapillare gestört (2). Die Schmelze wird nahezu vollständig vom Grundwerkstoff abgehoben (3). Das Schmelzbad entleert sich dadurch für kurze Zeit (4), bis der Laserstrahl durch die Translationsbewegung wieder Material aufgeschmolzen hat (6). Aufgrund der Oberflächenspannung nimmt das noch flüssige Material eine Tropfenform an (5) und verfestigt sich auf der Oberraupe.

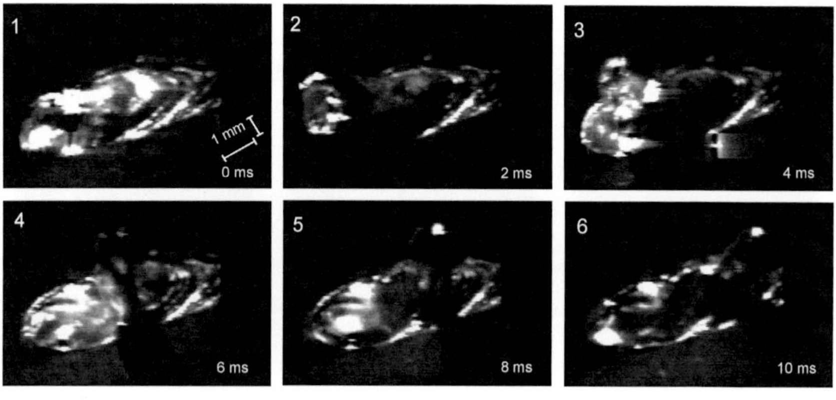

Bild 26: Entstehung eines Nahtauswurfs (AA6110, P_L= 2,7 kW, v = 4 m/min, z_F= 0 mm, $\dot{V}$ = 30 l/min He) [45].

Die Kapillarform wird nach Auswurf der Schmelze nicht durch den kontinuierlichen Einkoppelvorgang des Laserstrahls bestimmt, sondern von der Fest-Flüssig-Phasengrenze des Schmelzbades; die „Kapillare“ nimmt vorübergehend die Form des Schmelzbades an. Das Schachtverhältnis verringert sich dadurch erheblich. In einem Zeitraum von ca. 10 ms wird die „Wanne“ des Schmelzbades durch neu aufgeschmolzenes Material weitestgehend wieder gefüllt.

5.3 Online Röntgendurchstrahlung

Die Analyse von Hochgeschwindigkeitsaufnahmen können den „Oberflächeneffekt“ Schmelzauswurf in hoher zeitlicher Auflösung wiedergeben, die hierzu führenden Randbedingungen im Inneren des Werkstücks sind jedoch nicht ersichtlich. In gleicher Weise bleibt der „innere“ Prozess der Porenbildung verborgen.

Die Ausbildung der Kapillare und deren Verhalten beim Laserstrahlschweißen von Metallen kann nur durch sehr komplexe Versuchsaufbauten während des Prozesses visualisiert werden. Für eine erste Näherung wurden daher Versuche mit transparenten Materialien durchgeführt, z.B. Einschweißen in Quarzglas [46] oder Eis [47] mit CO2-Laser. Das Verhalten der Kapillare kann dann senkrecht zur Schweißebene im Durchlichtverfahren aufgezeichnet werden. Jedoch lassen sich aufgrund der unterschiedlichen Werkstoffeigenschaften diese Ergebnisse nicht ohne weiteres auf die für industrielle Anwendungen bedeutenden Werkstoffe Stahl und Aluminium quantitativ übertragen. Diese hingegen sind teiltransparent für Röntgenstrahlung. Ein darauf basierender Versuchsaufbau, der im Wesentlichen die gleiche Methodik verfolgt, ist aber aufgrund der energiereichen Wellenlänge und der damit verbundenen Schutzmaßnahmen ungleich komplexer.

Die durchgeführten Untersuchungen beinhalten die Parameter Stahl bzw. Aluminiumlegierungen als Werkstoff und Ein- bzw. Zweistrahlschweißen in unterschiedlicher Anordnung und Leistungsverteilung. Aus den Beobachtungen dieses Versuchsaufbaus lassen sich - ausgehend vom stetig ausgebildeten Schweißprozess - drei charakteristische Phänomene erkennen: die Porenbildung, die Schmelzbadhebung und der Schmelzauswurf. Diese werden hinsichtlich der Schachtverhältnisse, die sie durchlaufen, und der damit verbundenen Änderungen in der reflektierten Laserleistung diskutiert.

5.3.1 Versuchsaufbau Röntgendurchstrahlung

Kernstück des hier verwendeten Versuchsaufbaus ist eine Mikrofokus-Röntgenstrahlquelle (Betriebsspannung: 160 kV, Stromstärke: 1,0 mA, Strahldurchmesser: >10 µm) kombiniert mit einem Bildwandler, der die Röntgenstrahlung in sichtbares Licht konvertiert und dessen Intensität verstärkt (Bild 27) [31].

Eine Hochgeschwindigkeits-Videokamera zeichnet das entstandene Bild mit einer Rate von 1000 Hz auf. Unterstützt wird dieses System mit einem weiteren Hochgeschwindigkeits-Kamerasystem, das die ergänzende Aufgabe hat, die Schmelzbaddynamik und die Kapillaröffnung in der Aufsicht zu visualisieren. Übernommen wurde hierzu der Aufbau aus Kapitel 5.2.1.

Der Bearbeitungskopf ist mit mehreren Detektoren ausgestattet, wobei in den nachfolgenden Kapiteln nur auf die schleppend und koaxial angebrachten Sensoren zur Messung der reflektierten Leistung eingegangen wird. Als Strahlquellen stehen zwei Nd:YAG-Laser zur Verfügung, die durch Faserkombination auch im Sinne der Zweistrahltechnik eingesetzt werden können.

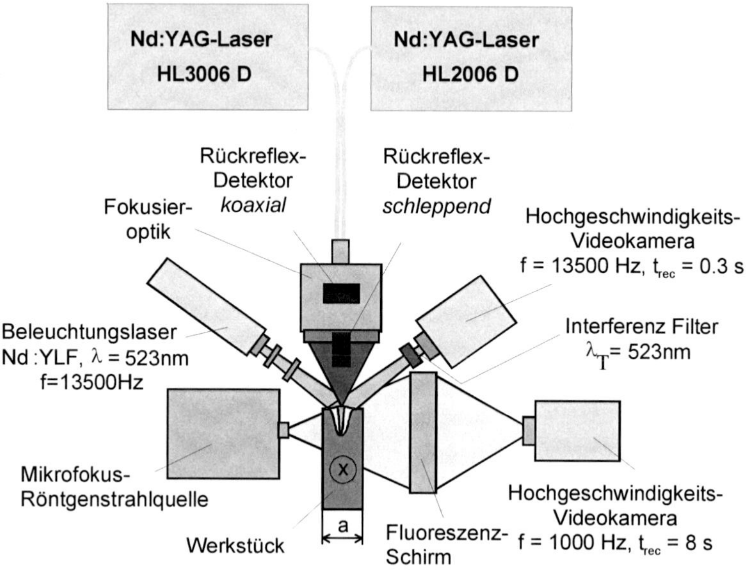

Bild 27: Versuchsaufbau zur Visualisierung der Dampfkapillare im Werkstück während des Schweißens.

Das Prinzip der Visualisierung der Kapillare durch Röntgenstrahlung beruht auf der unterschiedlichen Transmission des Grundwerkstoff im Vergleich zur metalldampfgefüllten Kapillare. Aus diesem Grund wird der Kontrast der Darstellung durch das Verhältnis der zu durchstrahlenden Weglängen aus Grundwerkstoff und Kapillare bestimmt. Um die Kapillare überhaupt sichtbar werden zu lassen, wurde die

Materialstärke a = 5 mm sehr gering gewählt. Eine im Vergleich zu Realbauteilen verringerte seitliche Wärmeabfuhr muss daher berücksichtigt werden; die Schweißnähte zeigen eine vergleichsweise größere Wärmeeinflusszone in Breite und Tiefe.

Die Visualisierung der Röntgendurchstrahlung ist in ihrer Auflösung (256x256 Bildpunkte) und der Grauwertabstufung (64 Graustufen) beschränkt. Die Kontraste sind aufgrund der unterschiedlichen physikalischen Eigenschaften der verwendeten Werkstoffe ungleich. Die nachfolgend aufgeführten Bilder mussten aus diesen Gründen in ihrem Kontrast überarbeitet werden. Der Prozess wird stets mit einer Vorschubrichtung des Werkstücks von links nach rechts gezeigt.

5.3.2 Ungestört ausgebildete Kapillare und Einfluss der Prozessparameter

Als Ergebnis obigen Versuchsaufbaus zeigen nachfolgende Bilder typische Kapillaren, die repräsentativ für den ungestörten Schweißprozess sind (im Schweißergebnis bleiben keine Nahtfehler zurück). Die Zusammenstellung der Kapillarkonturen ist gegliedert nach den verwendeten Werkstoffen bzw. den Prozessparametern.

Werkstoff:

Bild 28 stellt die Geometrie der Dampfkapillare für den angegebenen Stahl- bzw. Aluminiumwerkstoff vergleichend gegenüber. Die Öffnungsdurchmesser sind nahezu identisch, der mittlere Durchmesser bleibt im Falle des Aluminiumwerkstoffs weitestgehend konstant über der Kapillartiefe, während er für den Stahlwerkstoff mit der Kapillartiefe stetig abnimmt. Die Kapillartiefe ist für letzteren Fall bei sonst gleichen Parametern größer. Deutlich zu erkennen ist eine Kapillarneigung, die mit der Kapillartiefe zunimmt.

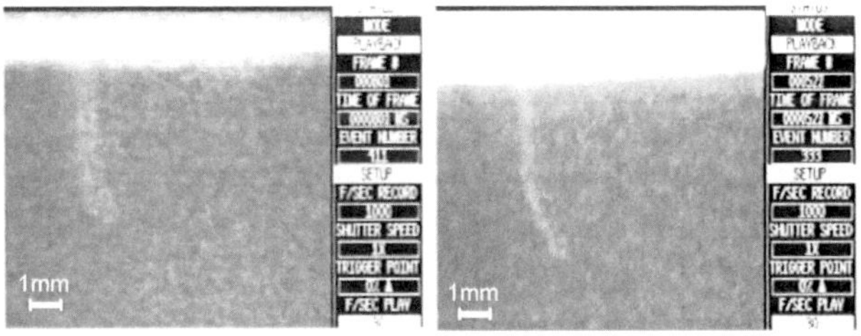

Bild 28: Stetig ausgebildete Kapillare für die Werkstoffe AA 5052 (links) und X5 Cr Ni 18-10 (P_L= 3 kW, v = 4 m/min, z_f= 0 mm, f_B= 100 mm, $\dot{V}$ = 15 l/min Ar).

Laserleistung:

Die Auswirkung unterschiedlicher Laserleistung für den Werkstoff Stahl ist in Bild 29 zu erkennen. Die Dampfkapillare, die durch eine Laserleistung von 3 kW erzeugt wird, ist durch eine größere Tiefe und Neigung charakterisiert.

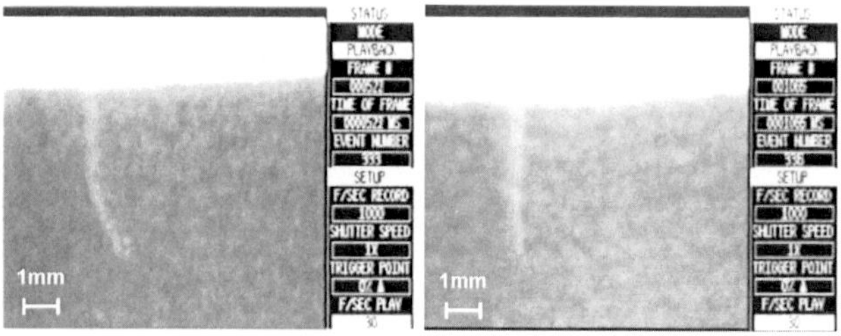

Bild 29: Kapillarausbildung mit der Laserleistung 3 kW (links) und 2 kW für den Werkstoff X5 Cr Ni 18-10 (v = 4 m/min, z_f= 0 mm, f_B= 100 mm, $\dot{V}$ = 15 l/min Ar).

Vorschubgeschwindigkeit:

Eine abnehmende Vorschubgeschwindigkeit bewirkt in erster Ordnung eine Zunahme der Kapillartiefe (Bild 30). Hinzu kommt auch eine zunehmende Verkippung am Kapillargrund.

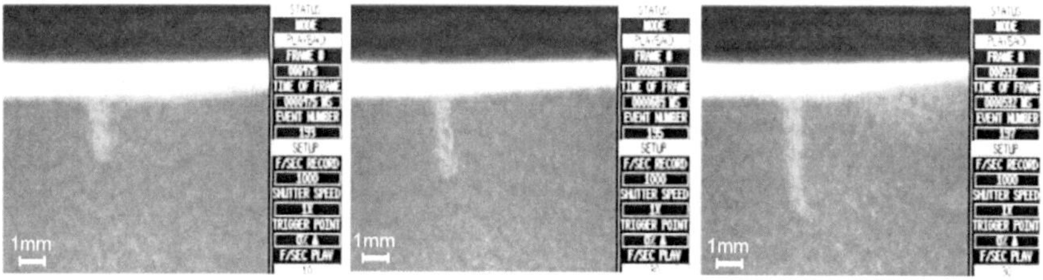

Bild 30: Kapillargeometrie für die Vorschubgeschwindigkeiten 5 m/min (links), 4 m/min (mitte) und 3 m/min für den Werkstoff AA 6063 (P_L= 3 kW, z_f= 0 mm, f_B= 100 mm, $\dot{V}$ = 15 l/min Ar).

Fokuslage:

Die Fokuslage beeinflusst die Kapillargeometrie auf unterschiedliche Weise. Im Aluminiumwerkstoff verursacht die Abweichung von der relativen Fokuslage z_f=0 mm ein überwiegendes Auftreten einer Ausformung des Kapillargrundes (Bild 31). Die Eindringtiefe bleibt jedoch nahezu konstant.

Eine Fokussierung des Laserstrahls in das Werkstück hinein führt beim Schweißen von Stahl im betrachteten Parameterfeld zu einer Erhöhung der Kapillartiefe. Einher geht dies mit einer abnehmenden Neigung der Kapillare.

Bild 31: Kapillargeometrie in Abhängigkeit der relativen Fokuslage für den Werkstoff AA 5052 (oben) und X5 Cr Ni 18-10 (P_L= 3 kW, v = 4 m/min, z_f= variabel, f_B= 100 mm, $\dot{V}$ = 15 l/min Ar).

Brennweite:

In Analogie zur Änderung der Fokuslage tritt der beschriebene Effekt auch bei Verwendung unterschiedlicher Fokussierbrennweiten auf. Bild 32 zeigt dies für die Einschweißung in einen Stahlwerkstoff mit den Brennweiten f_B=100 mm und 150 mm.

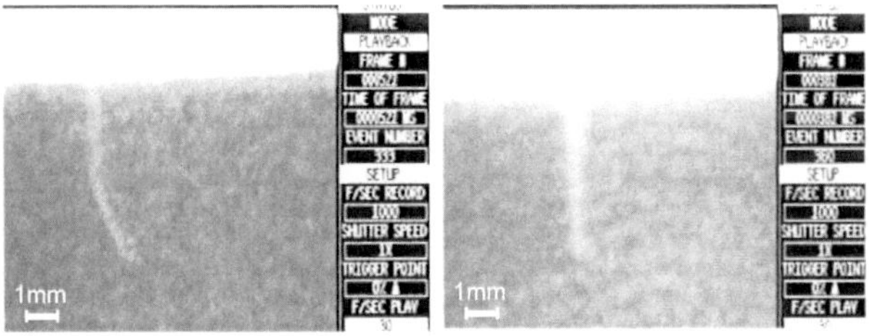

Bild 32: Einfluss der unterschiedlichen Fokussierbrennweiten f_B= 100 mm (links) und f_B= 150 mm für den Werkstoff X5 Cr Ni 18-10 (P_L= 3 kW, v = 4 m/min, z_f=0 mm, $\dot{V}$ = 15 l/min Ar).

Durchschweißung:

Wird die Werkstückprobe entlang der geplanten Naht mit einer Bohrung versehen, die eine Wandstärke kleiner der Einschweißtiefe zurücklässt, öffnet sich die Dampfkapillare im Bereich der Nahtwurzel. Dadurch kann eine Durchschweißung des Werkstücks nachgestellt werden. Bild 33 zeigt die resultierenden Kapillargeometrien für Stahl und Aluminium. Auffällig ist, dass sich die Kapillarneigung reduziert. Der Durchmesser bleibt vergleichsweise konstant.

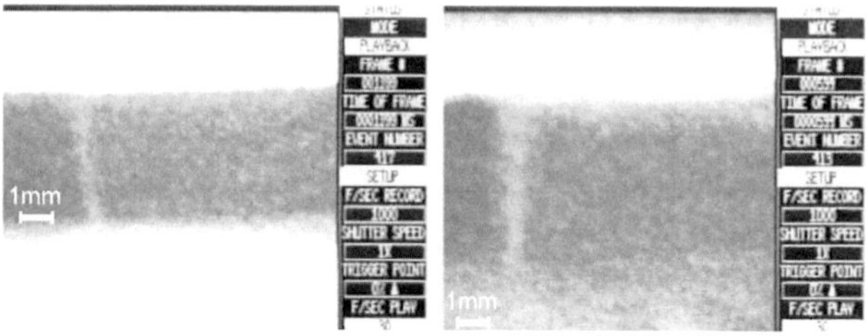

Bild 33: Kapillargeometrie bei einer Durchschweißung der Werkstoffe X5 Cr Ni 18-10 (links) und AA 5052 (P_L= 3 kW, z_f= 0 mm, f_B= 100 mm, $\dot{V}$ = 15 l/min Ar).

5.3.3 Oszillation der Dampfkapillare im Werkstoff

Die für den kontinuierlichen Schweißprozess typischen Kapillargeometrien unterliegen stets Oszillationen. In Bild 34 sind repräsentative Formschwankungen typischer Kapillargeometrien dargestellt. Davon deutlich abweichende Kapillaren, die in Zusammenhang mit Nahtdefekten stehen, werden hier zunächst nicht betrachtet. Die Oszillationen zeigen sich im maximal auftretenden Durchmesser, Neigung und Länge der Kapillare. Bei gleichen Prozessparametern ist der Werkstoff maßgebend für die Amplitude der Oszillation. Während der Werkstoff Stahl nur sehr geringen Fluktuationen unterworfen ist, steigen diese für die Werkstoffe AA6063 und insbesondere für AA5052 an. Quantitativ sind im Bild 35 die für das Schachtverhältnis relevanten Fluktuationen in maximal auftretenden Durchmessern und Tiefen der Kapillare dargestellt.

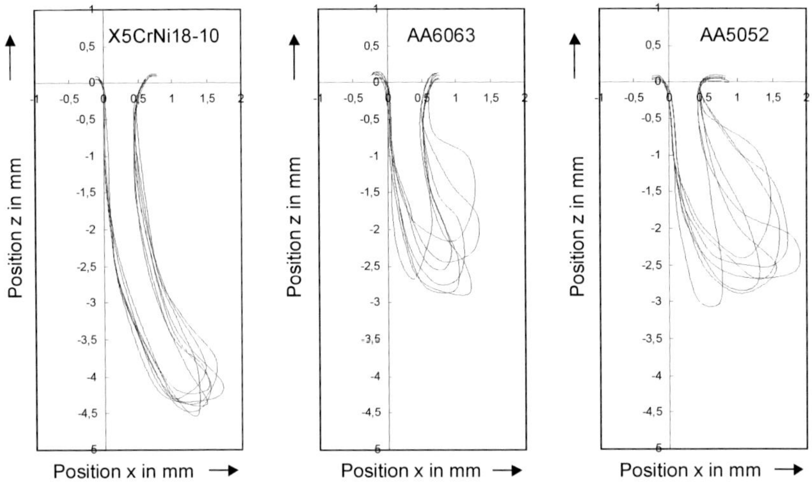

Bild 34: Typische Kapillargeometrien für den ungestörten Schweißprozess in unterschiedlichen Werkstoffen (P_L= 3 kW, v = 3 m/min, z_f= 0 mm, f_B= 100 mm, $\dot{V}$ =15 l/min Ar).

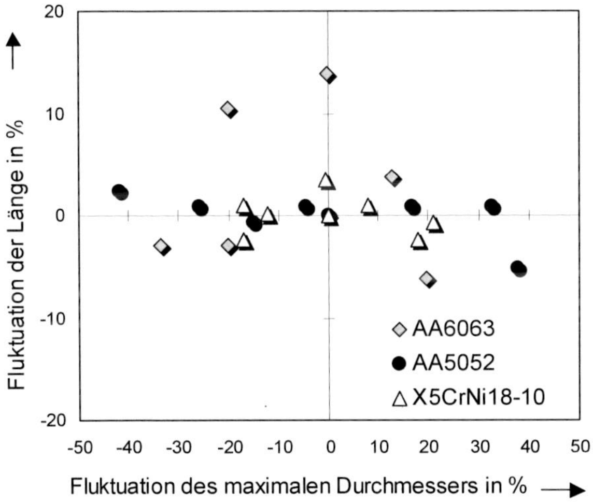

Bild 35: Maximale Änderungen in Durchmesser und Länge der Kapillargeometrien aus Bild 34 für unterschiedliche Werkstoffe.

Bild 35 verdeutlicht, dass die Änderungen des Schachtverhältnisses maßgeblich aus Fluktuationen des Kapillardurchmessers resultieren und nicht der Kapillarlänge. Änderungen im Durchmesser treten für Aluminiumwerkstoffe in einem Bereich bis ca. ± 40 % des ursprünglichen auf, Längenänderungen bis ca. ± 10 %. Eine Erklärung hierfür ist, dass erhöhter Druck in der Kapillare versucht, das Kapillarvolumen zu vergrößern und damit angrenzendes Material zu verdrängen. Dies geschieht an Orten des geringsten Widerstandes. Da die Kapillarfront, die Seiten und auch die Wurzel nur durch einen vergleichsweise dünnen Schmelzfilm umgeben sind, liegt das größte Potenzial für die Ausdehnung in der Kapillarrückseite, angrenzend zum Schmelzbad. Radiale Oszillationen tragen dadurch einen deutlich größeren Beitrag zur Prozessdynamik bei als axiale.

Aufgrund des sehr großen mittleren Schachtverhältnisses von $\overline{S}=11$ der Kapillare in Stahl befinden sich die geringen mittleren Oszillationen ($\Delta S_{min}=-0{,}6$; $\Delta S_{max}=+0{,}4$) bereits im asymptotischen Bereich der entsprechenden reflektierten Laserleistung. Diese Dynamik wird daher nur einen geringen Einfluss auf die reflektierte Laserleistung zeigen.

Anders jedoch sind die Zusammenhänge beim Werkstoff Aluminium. Die Kapillarfluktuationen für AA6063 ($\overline{S}=5{,}5$; $\Delta S_{min}=-1{,}2$; $\Delta S_{max}=+0{,}2$) und AA5052 ($\overline{S}=4{,}7$; $\Delta S_{min}=-1{,}2$; $\Delta S_{max}=+0{,}6$) bewirken aufgrund des ohnehin sehr viel kleineren Schachtverhältnisses, der relativ großen Änderungen und auch aufgrund der geringeren Absorption von Aluminium deutlich größere Änderungen im Reflexionsgrad der Kapillare.

Den radialen Oszillationen der Kapillare lassen sich typische Frequenzen von ca. 300 Hz für Stahl und ca. 500 Hz für Aluminiumlegierungen zuordnen. Axiale Oszillationen unterliegen höheren Frequenzen, können jedoch aufgrund der beschränkten zeitlichen Auflösung der Visualisierung (f=1000Hz) nicht sicher bestimmt werden.

Änderungen in der Neigung der Kapillare beeinflussen die Abstrahlcharakteristik der reflektierten Laserleistung. In der Realisierung des Messverfahrens kann jedoch aufgrund deren Verteilung nur ein Ausschnitt der reflektierten Laserleistung detektiert werden. Dies kann zu Änderungen des Messsignals in den gegebenen Frequenzen führen, obwohl der Gesamtreflexionsgrad konstant bleibt.

5.3.4 Formation einer Prozesspore

Das Ausbilden und Zurückbleiben eines Hohlraums in der Schweißnaht, der nicht metallurgischen Ursprungs ist, sondern prozessbedingt entsteht, konnte in den Versuchen nur bei Schweißungen in Aluminiumwerkstoff aufgezeigt werden (Bild 36,

Bild 37). Die Kapillare erfährt im Bereich der Wurzel eine lokale Volumenvergrößerung. Der Öffnungsdurchmesser bleibt nahezu konstant. Die umgebende Schmelze wird verdrängt und schnürt die Kapillare oberhalb der Ausformung ein und dann vollständig ab. Der entstandene Hohlraum bewegt sich mit der Schmelze, bis diese erstarrt. Zugleich bildet sich die Kapillare wieder auf die ursprüngliche Tiefe aus (siehe Kapitel 4.2.3).

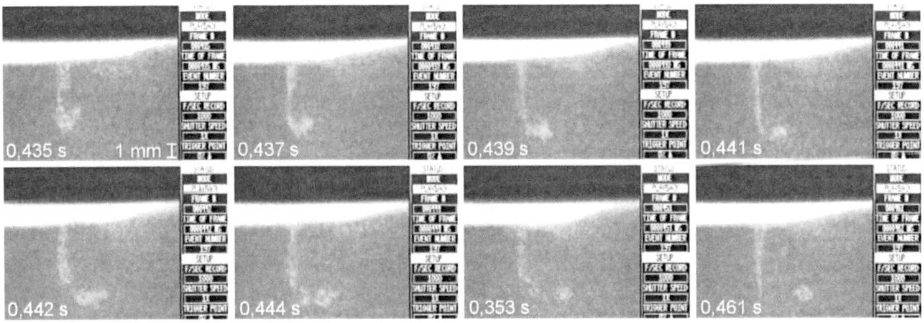

Bild 36: Entstehung einer Prozesspore mit einem Durchmesser d=0,7 mm im Werkstoff AA6063 (P_L= 3 kW, v = 4 m/min, z_f= 0 mm, f_B= 100 mm, $\dot{V}$ = 15 l/min Ar).

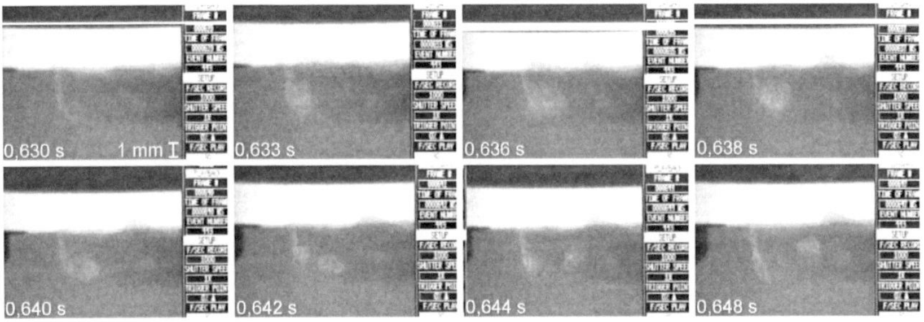

Bild 37: Entstehung einer Prozesspore mit einem Durchmesser d=1,2 mm im Werkstoff AA5052 (P_L= 3 kW, v = 4 m/min, z_f= 0 mm, f_B= 100 mm, $\dot{V}$ = 15 l/min Ar).

Typische Zeitskalen für das Abschnüren der Kapillare liegen bei 1-2 ms. Die einhergehenden Änderungen im Schachtverhältnis hängen zwar von der Porengröße ab, sind aber für mittlere Durchmesser (0,3 mm bis 1,5 mm) im Vergleich zu den stets auftretenden Oszillationen der Kapillare nicht explizit bezeichnend. Eine die Porenentstehung signifikant kennzeichnende Änderung in der reflektierten Leistung ist daher zunächst nicht zu erwarten.

Darüber hinaus treten beim Schweißen von Aluminium auch Fluktuationen auf, die nicht unmittelbar zu einer Pore führen. Bild 38 zeigt beispielhaft die Ausformung eines Hohlraums in Analogie zur Prozessporenbildung, jedoch wird der Hohlraum nicht abgeschnürt. In der Naht verbleibt in diesem Fall keine Pore. Sofern der typischen Ausformung der Kapillare ein entsprechender Signalverlauf der reflektierten Leistung zugeordnet werden kann, bedeutet dies, dass kein eindeutiger Schluss auf die Entstehung einer Pore zulässig ist, da vergleichbare Änderungen im Schachtverhältnis auch in einer Rückbildung des Hohlraums enden können [48].

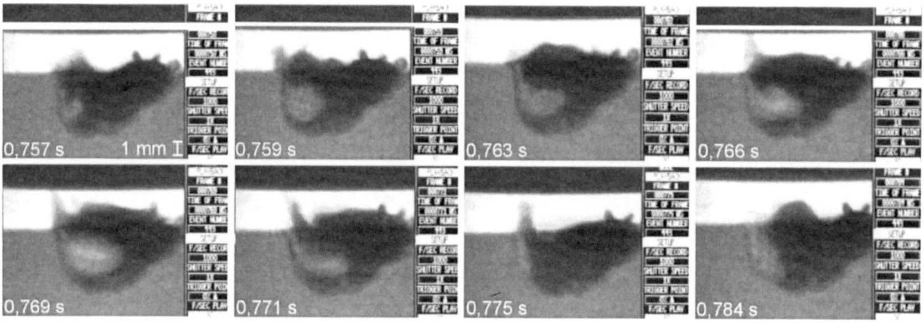

Bild 38: Ausformung eines Hohlraums in Analogie zur Porenbildung, jedoch ohne Abschnürung. Das Schmelzbad wurde durch Beigabe von Zinn dunkel gefärbt (Nd:YAG, P= 3 kW, v = 4 m/min, z_f= 0 mm, d = 5 mm).

5.3.5 Verlauf einer Schmelzbadhebung

In Analogie zur Porenbildung ist der Ursprung der Schmelzbadhebung ebenfalls eine Ausformung im Bereich der Kapillarwurzel (Bild 39). Jedoch zieht diese nicht das Abschnüren eines Hohlraums nach sich. Vielmehr wird die Schmelze oberhalb der Ausformung angehoben und von der Kapillare verdrängt. Der Öffnungsdurchmesser vergrößert sich und erreicht schließlich einen maximalen Wert, der um ganzzählige Faktoren größer sein kann als der ursprüngliche. Dadurch ermöglicht sich ein ungestörtes Abströmen des Metalldampfes, der Druck im Inneren der Kapillare fällt ab. Anschließend fließt das Schmelzgut, getrieben von der Oberflächenspannung und dem hydrostatischen Druck, wieder zurück in das Schmelzbad. Die Druckerhöhung tritt typischerweise für ca. 5 ms in Wechselwirkung mit dem gesamten Schmelzbad, deutlich länger als im Fall der Porenbildung. Die einhergehenden Änderungen im Schachtverhältnis sind deutlich zu unterscheiden im Vergleich zu den stets auftretenden Oszillationen der Kapillare.

Dieser Effekt beeinflusst die Nahtqualität lediglich bezüglich der Homogenität der Nahtoberraupe. Das Anheben der Schmelze regt eine Welle an, die am Ende des Schmelzbades, dort wo die Phase von flüssig wieder nach fest wechselt, zu einer Schuppenbildung mit größeren Amplituden führt.

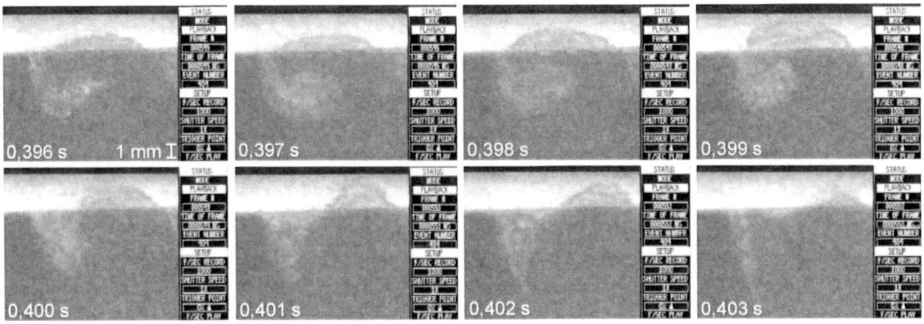

Bild 39: Verlauf einer Schmelzbadhebung für den Werkstoff AA5052 (P_L= 3 kW, v = 4 m/min, z_f= 0 mm, f_B= 100 mm, $\dot{V}$ = 15 l/min Ar).

Dieser mit einem „Atmen“ der Kapillare vergleichbare Effekt bringt die positive Eigenschaft mit sich, dass bei einer als konstant vorausgesetzten statistischen Verteilung von Kapillarausformungen das Auftreten von Prozessporen reduziert wird. Eine Abschnürung des Hohlraums wird durch das Anheben und wieder Zurückfließen der Schmelze verhindert. Die Porosität der Naht kann zu Kosten der Homogenität der Nahtoberraupe erhöht werden.

5.3.6 Entstehung eines Schmelzauswurf

Die Entstehung eines Schmelzauswurfs ist dem Verlauf der Schmelzbadhebung sehr ähnlich. Am Kapillargrund bildet sich ein Hohlraum entlang der Schmelzbadgrenze aus. Das auf der Ausformung liegende Schmelzgut wird jedoch derart beschleunigt, dass auftretende Schubspannungen im Inneren des Schmelzbades überwunden werden und es zu einer teilweisen oder vollständigen Ablösung kommt. Während sich das ausgetriebene Schmelzgut aufgrund der herrschenden Oberflächenspannung zu einem Tropfen formt, nimmt die Kapillare die Dimensionen der gesamten „Schmelzwanne“ ein. Bleibt eine Schmelzbrücke zum ausgetriebenen Tropfen bestehen, kann dieser das Schmelzbad noch teilweise wiederbefüllen. Größtenteils verfestigt sich der Tropfen jedoch auf der Nahtoberraube (Bild 40).

Die Relativbewegung zwischen Laserstrahl und Werkstück führt dazu, dass an der Kapillarfront wieder Material aufgeschmolzen wird und die ursprüngliche Kapillarform erneut entsteht. Jedoch kann unter den meisten Prozessbedingungen der zuvor entstandene Hohlraum nicht wieder aufgefüllt werden, ein Loch verbleibt in der Naht.

Während das Schmelzgut in sehr kurzer Zeit (ca. 2 ms) ausgeworfen wird, dauert der gesamte Vorgang ca. 10 ms an. Die einhergehenden Änderungen im Schachtverhältnis (S_{max}=4,5; S_{min}=0,8) sind die maximal im Prozess auftretenden und unterscheiden sich zum Effekt der Schmelzbadhebung insbesondere durch den zeitlichen Verlauf. Die reflektierte Laserleistung erfährt aufgrund dieser maximalen Änderungen im Schachtverhältnis deutlichen Einfluss.

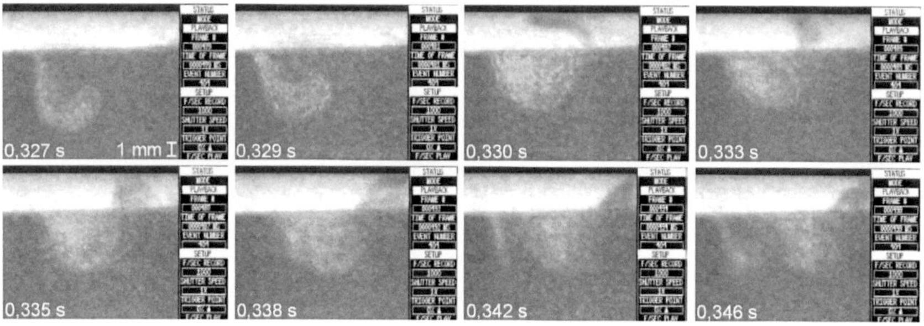

Bild 40: Ausbilden eines Hohlraums unter der Schmelze, Druckaufbau und Auswerfen der gesamten Schmelze; anschließend teilweise Wiederbefüllung des Schmelzpools (AA5052, P_L= 3 kW, v = 4 m/min, z_f= 0 mm, f_B= 100 mm, $\dot{V}$ = 15 l/min Ar).

5.3.7 Quantifizierung der Phänomene nach deren Schachtverhältnis

Für den Indikator „reflektierte Laserleistung" ist das Schachtverhältnis der Kapillare maßgebend. Von entscheidender Bedeutung ist nun, ob sich die auftretenden Effekte Porenbildung und Schmelzauswurf im Verlauf ihrer charakteristischen Schachtverhältnisse von der grundlegenden Kapillaroszillation bzw. der Schmelzbadhebungen messbar abheben. Die vergleichende Darstellung in Bild 41 beschreibt dazu die mit den Phänomenen einhergehenden Schachtverhältnisse aus der Analyse der in Bild 35 bis Bild 40 dargestellten Sequenzen.

Die den Schweißprozess stets begleitende Oszillation der Kapillare äußert sich in einer generellen Fluktuation des Schachtverhältnisses um dessen mittleren Wert $\overline{S}$=4,7 mit einer Frequenz von f=500Hz und typischen Amplituden von ΔS=1. Diese Oszillationen wirken sich zwar nicht weiter nachteilig auf das Schweißergebnis aus, verursachen jedoch auch eine grundlegende Signaldynamik bei der Messung der reflektierten Laserstrahlung, zu der die im Weiteren analysierten Phänomene im Verhältnis betrachtet werden müssen.

Die Porenbildung ist im Verlauf ihres Schachtverhältnisses gekennzeichnet durch das Ausformen eines Hohlraums. Dies geht zunächst einher mit einer Reduktion des Schachtverhältnisses. Die darauf folgende Einschnürung der Kapillare führt aufgrund des verringerten Durchmessers oberhalb der Ausformung und der vergrößerten Kapillarlänge zu einem größeren Schachtverhältnis. Die endgültige Abschnürung der Kapillare verkürzt diese wiederum und reduziert damit das Schachtverhältnis. Die Änderungen liegen jedoch nahezu in der gleichen Dimension und derselben Zeitkonstanten wie die stetige Kapillaroszillation. Hinzu kommt, dass ein Rückbilden der Kapillarausformung ohne Abschnürung eines Hohlraums in Analogie zur Porenbildung auftreten kann. Eine Differenzierung zwischen der Porenbildung und der begleitenden Prozessdynamik ist daher aus dem Reflexionsgrad nicht zu erwarten.

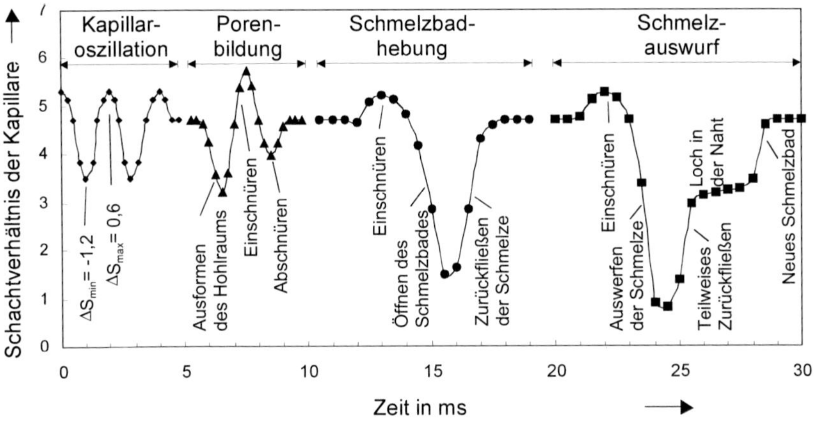

Bild 41: Vergleich der Phänomene im Verlauf ihrer Schachtverhältnisse für den Werkstoff AA5052 (P_L=3 kW, v = 4 m/min, z_f= 0 mm, f_B= 100 mm, $\dot{V}$ = 15 l/min Ar).

Die Schmelzbadhebung ist charakterisiert durch eine Kapillareinschnürung und das darauf folgende Öffnen des Schmelzbades. Das Schachtverhältnis verringert sich dabei erheblich, bis die Schmelze wieder in die „Wanne" zurückfließt. Das Schweißergebnis ist bis auf mögliche Unregelmäßigkeiten der Nahtoberraupe unbeeinflusst. Von der steten Kapillaroszillation unterscheidet sich dieser Vorgang durch das sehr kleine Aspektverhältnis der Kapillare aufgrund der zeitweisen Entleerung des Schmelzbades. Der Reflexionsgrad wird dadurch erheblich beeinflusst.

Der Verlauf des Schachtverhältnisses beim Schmelzauswurf ist mit dem der Schmelzbadhebung zunächst vergleichbar. Jedoch erreicht die Kapillare ein noch kleineres Schachtverhältnis, da die gesamte Schmelze ausgetrieben wird. Durch die

Viskosität fließt ein Teil der Schmelze wieder zurück und erhöht dadurch das Schachtverhältnis. Jedoch verbleibt dieses auf einem niedrigen Niveau solange, bis der Laserstrahl im Anschluss des verbleibenden Lochs ein neues Schmelzbad erzeugt hat. Der einhergehende Verlauf des Schachtverhältnisses und der damit verknüpfte Reflexionsgrad ist für den Schmelzauswurf eindeutig bezeichnend.

5.4 Zusammenfassung zur Visualisierung

Durch zwei unterschiedliche Diagnostikverfahren konnten wesentliche Eigenschaften der Kapillargeometrie für unterschiedliche Prozessparameter und charakteristischer Phänomene dargestellt werden.

Der Einsatz einer Hochgeschwindigkeits-Videokamera zur Beobachtung der Kapillaröffnung zeigte einen nahezu konstanten Durchmesser für den Werkstoff Stahl im vorgegebenen Parameterfenster. Änderungen im Schachtverhältnis der Kapillare resultieren deshalb primär von einer Änderung der Kapillartiefe. Da die Kapillartiefe näherungsweise der Einschweißtiefe proportional ist, sollte über den Reflexionsgrad der Kapillare die Einschweißtiefe bestimmt werden können.

Der Werkstoff Aluminium zeigte jedoch wesentliche Oszillationen im Durchmesser der Kapillare, die in Wechselwirkung mit Schmelzbadwellen von typischen Frequenzen und Amplituden stehen. Der Rückschluss auf die Einschweißtiefe anhand der reflektierten Laserleistung wird dadurch erheblich ungenauer. Das Phänomen des Schmelzauswurfs weist jedoch erheblich Änderungen im Kapillardurchmesser auf.

Die Visualisierung der Kapillare während des Schweißens mit Hilfe von Röntgenstrahlung erbrachte typische Kapillargeometrien für Aluminium- und Stahlwerkstoffe bei unterschiedlichen Parametern. Die stetigen Oszillationen der Kapillare wurden quantifiziert, auftretende Phänomene differenziert. Es ergaben sich charakteristische Verläufe der Schachtverhältnisse für die Porenformation, die Schmelzbadhebung und den Schmelzauswurf. Ein Vergleich der einhergehenden Schachtverhältnisse zeigte, dass sich Porenformation und Kapillaroszillation nahezu identisch äußern. Der Verlauf des Schachtverhältnisses während eines Schmelzauswurfs kennzeichnet diesen jedoch eindeutig.

6 Experimentelle Verifizierung des Ansatzes

Das Verfahren zur Prozessüberwachung des Laserstrahlschweißens durch Messung der reflektierten Laserstrahlung basiert auf den Grundlagen der in den letzten Kapiteln beschriebenen Phänomene und physikalischen Zusammenhänge. Zur experimentellen Verifizierung der Aussagekraft des verfolgten Ansatzes werden Versuchsreihen mit Nd:YAG- und CO_2-Laser durchgeführt und die Messmethoden auf Grundlage der bisher erarbeiteten Erkenntnisse verfeinert.

Am Beispiel des Laserstrahlschweißens mit Nd:YAG-Laser werden die Einflüsse unterschiedlicher Parameter auf das Messverfahren diskutiert; Ergebnisse aus Experimenten mit CO_2-Laser sind nur exemplarisch angeführt. Dies geschieht vor dem Hintergrund, dass der Nd:YAG-Laser durch die Wellenlänge seines Laserlichts wesentliche Vorteile verzeichnen kann, z.B. die Verwendung einfacher transmissiver optischer Standardkomponenten als auch einfacher, zeitlich hochauflösender Silizium-Photodioden.

6.1 Reflektierte Laserleistung beim Schweißen mit Nd:YAG-Laser

6.1.1 Messaufbau

Ein kommerziell erhältlicher Laserbearbeitungskopf wird mit einem seitlichen Diodenarray ausgestattet, das bezüglich der Strahlachse in Vorschubrichtung (schleppend[2]) angebracht ist (Bild 42). Dies trägt den Vorteilen einer außeraxialen Messung Rechnung, die sich aus den Ergebnissen der Simulationsrechnung ergaben. Das Array besteht aus sechs einzelnen Photodioden, die jeweils paarweise benachbart zusammengeschaltet sind.

Eine zweite Rückreflexmessung erfolgt strahlkoaxial durch den 90°-Strahlteiler der Bearbeitungsoptik. Dies erfordert eine Modifikation am Gehäuse der Bearbeitungsoptik: da der Strahlteiler einen Transmissionsgrad von 1 % besitzt, wird die aus der Kapillare reflektierte Laserleistung nur zu diesem geringen Teil transmittiert, doch passiert ebenso die Leistung des Bearbeitungsstrahls zu 1 % den Strahlteiler, wird am Gehäuse reflektiert und durch die Rückseite des Strahlteilers auf den Detektor gelenkt. Mit einem Strahlabsorber an dieser Stelle des Bearbeitungskopfes können die

[2] Durch Umkehr der Vorschubrichtung kann die Messung wechselweise auch in stechender Position des Detektors durchgeführt werden.

Reflexionen unterbunden werden; das koaxial gemessene Signal wird dann nicht von einer transmittierten Laserleistung überstrahlt.

Damit die Messung der reflektierten Laserstrahlung nicht durch fremde Lichtquellen verfälscht wird (z.B. durch ein möglicherweise auftretendes, breitbandig emittiertes Prozessleuchten), sind Interferenzfilter (λ=1064nm+/- 2nm) vor den Silizium-Dioden angebracht.

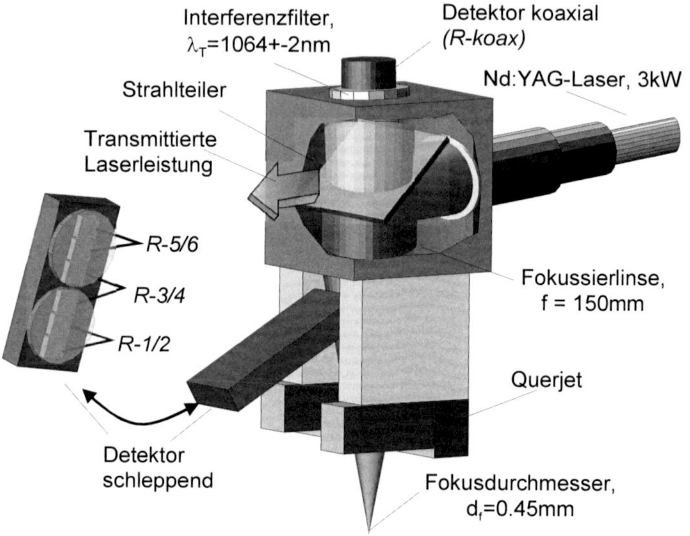

Bild 42: Schematische Darstellung des Laserbearbeitungskopfes für Nd:YAG-Laser mit schleppend und koaxial positionierten Detektoren.

Die Anordnung der Sensoren bringt unterschiedliche Messbereiche mit sich. Während dem koaxialen Sensor die Fokussierlinse als Sammellinse vorgeschalten ist, die einen großen Messbereich auf die Sensorfläche vereint, sind die Sensoren des seitlichen Arrays mit einer Zylinderlinse (Breite=20mm) ausgestattet. Im ersteren Fall ist der Messkegel von der verwendeten Brennweite der Fokussieroptik abhängig, im letzteren ist der Messbereich begrenzt durch den minimal realisierbaren Abstand der Sensorik zur Wechselwirkungszone. Da die beiden Detektortypen unterschiedliche Strahlengänge vorgeschaltet haben, bedeutet dies, dass die Ergebnisse der Detektoren nur relativ, nicht jedoch absolut vergleichbar sind.

Die Strahlengänge und die Anordnung der Detektoren bieten die Möglichkeit, abgeleitet vom gezeigten grundlegenden Aufbau, die Messmethode spezifisch zu verfeinern. Hierauf wird in den entsprechenden Kapiteln der Ergebnisse eingegangen.

Zur Normierung der detektieren, aus der Dampfkapillare reflektierten Leistung wird ein der Laserleistung äquivalentes Signal aus der Leistungsregelung des Nd:YAG-Lasers abgegriffen; systemtechnisch begründete Schwankungen werden dadurch berücksichtigt. Die Wiederholrate der Leistungsmessung beträgt 1 kHz.

Zur Erfassung und Auswertung der Messwerte dient der Laser Welding Monitor LWM900 der Firma JURCA Optoelektronik [49]. Die Samplerate der Signalaufnahme kann zwischen 1 Hz und 5 kHz gewählt werden. Im Zeitraum, der zwischen dem Auslesen zweier aufeinander folgenden Messwerte liegt, wird die auf den Detektor auftreffende Strahlungsenergie aufsummiert. Der Signalverlauf erhält durch diese integrierende Wirkung bei kleinen Sampleraten eine Glättung.

Die Signalverarbeitung des LWM900 geschieht programmgesteuert durch ein Software-Modul während der Schweißung. Die Prozessüberwachung basiert auf einem selbstlernenden Prinzip. Es können, ausgehend von einem nicht gestörten Schweißprozess, Referenzkurven aufgenommen werden. Aus mehreren Referenzkurven werden dann automatisch der Mittelwert und die Hüllkurven (Toleranzbänder) berechnet (Bild 43). Während der Prozesskontrolle werden die Detektorsignale getrennt für jeden Bewertungsparameter mit den erzeugten Toleranzbändern in Echtzeit verglichen. Verlässt ein Signal das erlaubte Toleranzband, so wird dies als Störung des Prozesses erkannt. Entsprechend der Amplitude und der Zeitdauer der Überschreitung wird die Wahrscheinlichkeit für das Auftreten eines schwerwiegenden Schweißfehlers mit Hilfe von Fuzzylogic-Algorithmen berechnet. Bei Überschreitung einer definierten Fehlerschwelle führt dies zur Belegung des Fehlerausgangs.

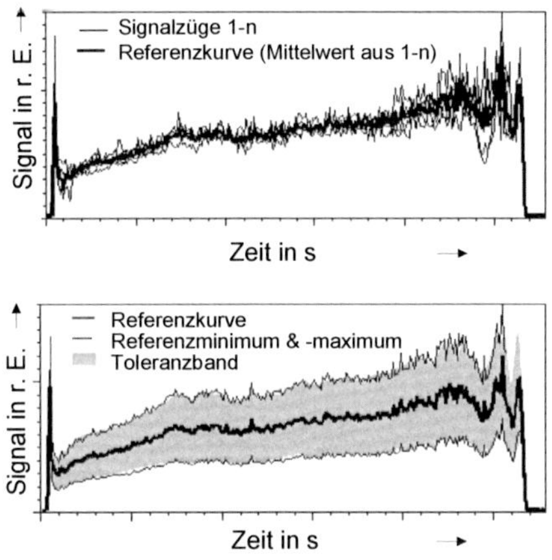

Bild 43: Erzeugung einer Referenzkurve und Toleranzbänder im LWM900 [49].

6.1.2 Methodik des Auswertens

Die Auswertung der Ergebnisse bezieht sich in Kapitel 6.1.3 zunächst auf den grundlegenden Vergleich zwischen den Werkstoffen Stahl und Aluminium. Neben der räumlichen Verteilung der reflektierten Laserleistung wird die Auswirkung der Kapillaroszillation auf die Messwerte erörtert.

Die Kapitel 6.1.4 und 6.1.5 beschreiben den Zusammenhang zwischen Einschweißtiefe und der mit den unterschiedlichen Detektorpositionen gemessenen reflektierten Laserleistung. Für den Werkstoff St22 werden beispielhaft die Einflüsse eines jeden einzelnen Prozessparameters differenziert untersucht. Aus Querschliffen wird die mittlere Einschweißtiefe gemessen und mit Hilfe der Methoden aus Kap 5.2.2 und 5.3.2 ein mittleres Aspektverhältnis gebildet. Aus diesen Angaben kann die reflektierte Laserleistung und deren mittlere Abweichung berechnet und mit den Messwerten verglichen werden.

Zuletzt wird in Kapitel 6.1.6 die Aussagekraft des Indikators bezüglich Prozessporen und Schmelzauswürfen für Aluminiumwerkstoffe diskutiert. Dazu dienen Abbildungen der Längsschliffe bzw. Nahtoberraupen der Schweißproben, die mit dem Signalverlauf der reflektierten Laserleistung korreliert werden.

6.1.3 Einfluss des Werkstoffs

Zur grundlegenden Verifizierung des Einflusses der prozesseigenen Kapillaroszillation und der Abstrahlcharakteristik der reflektierten Laserleistung werden Einschweißungen in Aluminium und Stahl durchgeführt. Zum Schutz der optischen Elemente vor Schmelzspritzern wird während des Prozesses ein Druckluftquerjet betrieben. Für das Schweißen von Aluminium-Werkstücken wird zusätzlich eine Schutzgasatmosphäre erzeugt.

Die Diagramme in Bild 44 zeigen für den Werkstoff Aluminium ein höheres Signalniveau aufgrund der für die Absorption der Laserstrahlung ungünstigeren optischen Konstanten des Werkstoffs. Ebenfalls ist die Dynamik des Signals deutlich größer; dies kann auf die größeren Amplituden der Kapillaroszillation zurückgeführt werden. Das Diodenpaar R-5/6 zeigt aufgrund seiner seitlichen Position diesen Unterschied am deutlichsten. Kapillarfluktuationen haben für diesen Betrachtungswinkel einen größeren Einfluss auf die Messung. Die Dioden R-3/4 dagegen verlieren an Signalpegel. Lediglich die Dynamik des Signalverlaufs R-1/2, welches sich durch den kleinsten Betrachtungswinkel auszeichnet, steigt für Einschweißungen in Aluminium nochmals an. Die Hochgeschwindigkeitsaufnahmen zeigten, dass dies durch die zeitweise abschirmende Wirkung einer stets bewegten Schmelzbadwelle vor der Kapillare begründet ist.

Tabelle 6 fasst den Einfluss auftretender Oszillationen auf die reflektierte Laserleistung für die Werkstoffe Stahl und Aluminium zusammen. Bei konstanten Prozessparameter (P_L, v, z_F) wurden die Werte zum Kapillardurchmesser durch Hochgeschwindigkeitsaufnahmen koaxial zum Bearbeitungsstrahl ermittelt (siehe Kapitel 5.2).

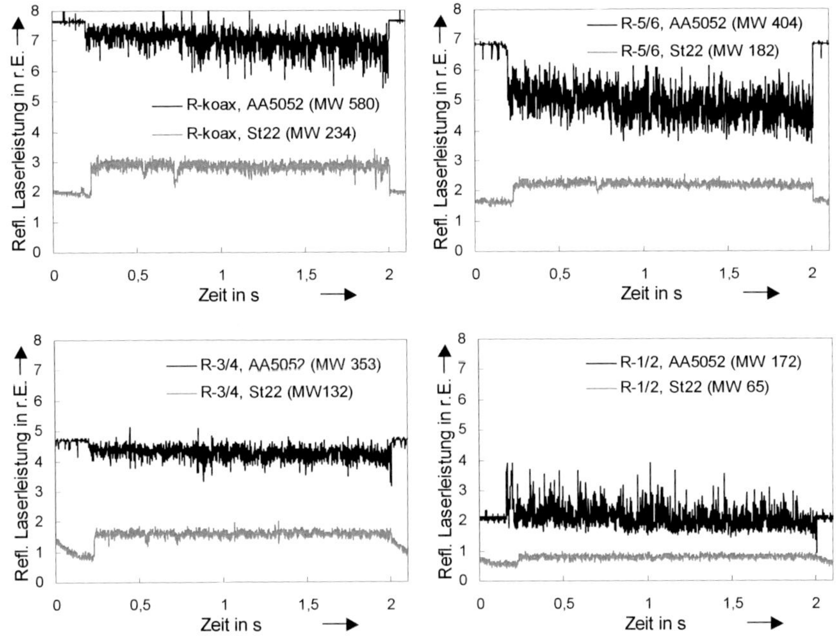

Bild 44: Signal der koaxialen und seitlichen Diode bei Einschweißung in St22 (grau) und AA5052 (schwarz).

Der Fokusdurchmesser ergibt sich entsprechend der F-Zahl der verwendeten Optik zu 0,45 mm. Der größte mittlere Öffnungsdurchmesser (1,0 mm) konnte bei Einschweißungen in Stahl ermittelt werden. Die Prozessdynamik ist hier am geringsten, gekennzeichnet durch die geringe mittlere Abweichung des Durchmessers. Die beiden

Werkstoff / ***Kapillare, reflektierte Leistung***	St22	AlMgSi1	AlMg5Mn
mittlerer Durchmesser [mm]	1	0,80	0,88
mittleres Aspektverhältnis	2,27	2,5	2,5
mittlere refl. Laserleistung, berechnet [%]	23	50	50
mittlere Abweichung Durchmesser [mm]	0,05	0,17	0,18
mittlere Abweichung refl. Leistung, berechnet [%]	+/- 1	+/- 4	+/- 5
mittlere Abweichung refl. Leistung, gemessen [%]	+/- 2,7	+/- 6,7	+/- 8,4
Parameter: P_L=2,5 kW; z_f=0 mm; v=3 m/min			

Tabelle 6: Einfluss der Prozessdynamik auf die reflektierte Laserleistung beim Schweißen von Stahl und Aluminiumlegierungen.

Aluminiumwerkstoffe zeigen eine deutlich höhere Abweichung vom mittleren Öffnungsdurchmesser. Daraus resultiert die große Streubreite der Messwerte der reflektierten Laserleistung, die durch die Simulationsrechnung bestätigt wird [50]. Jedoch ist diese für die Messgenauigkeit des Verfahrens bezüglich der Einschweißtiefe maßgebend. Eine weiterführende Evaluierung des Verfahrens hinsichtlich Aluminiumwerkstoffe findet in Kapitel 7 statt.

Ergänzt durch Messungen mit einer stechenden Anordnung des Detektorarrays (nachlaufende Position relativ zur Kapillare durch Umkehr der Vorschubrichtung) ergibt sich die in Bild 45 gezeigte zweidimensionale Verteilung der gemessenen Signalstärken. Das Signalmaximum fällt in seiner Position nicht auf die Strahlachse. Vielmehr zeigt die Symmetrieachse der Signalstärkeverteilung einen Winkel zur Strahlachse von 10° bei Stahl und 15° bei Aluminium [3]. Die Messungen stimmen in ihrer charakteristischen Verteilung mit den Ergebnissen der Simulation überein und werden auch durch Ergebnisse aus der Literatur bestätigt [51].

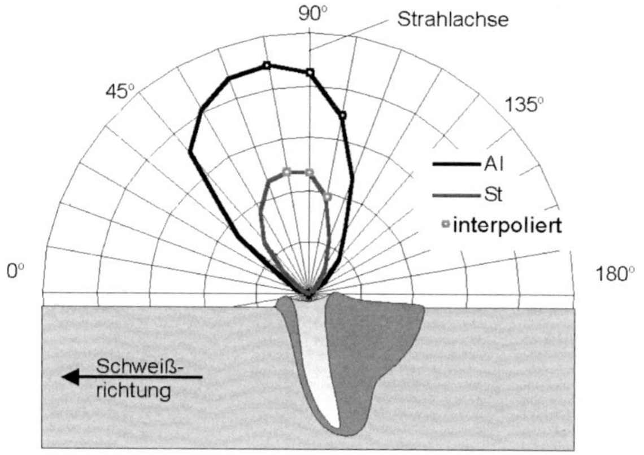

Bild 45: Zweidimensionale Verteilung der Signalstärke in der Ebene, die durch Vorschubrichtung und Strahlachse aufgespannt wird (P_L= 2,5 kW, v = 5 m/min, z_F= 0 mm) [3].

[3] Aufgrund des unterschiedlichen Strahlengangs des seitlichen und des koaxialen Detektors mussten die Diagrammpunkte innerhalb des Laserstrahlkegels mit einem konstanten Korrekturfaktor angeglichen werden.

6.1.4 Einfluss der Prozessparameter

6.1.4.1 Laserleistung

Durch Veränderung der Laserleistung kann gezielt die Einschweißtiefe beeinflusst werden. Die daraus resultierenden Messergebnisse zeigt Bild 46. Der Signalverlauf der Diode R-koax besitzt den kleinsten Gradienten, den größten die Diode R-5/6. Dies resultiert aus dem überlagerten Effekt der unterschiedlichen Detektorpositionen, der in Kapitel 4.4.1 bereits durch die Simulationsrechnung aufgezeigt wurde: Große Einschweißtiefen bündeln die reflektierte Laserleistung, während geringe Einschweißtiefen eine große räumliche Verteilung der reflektierten Strahlung nach sich ziehen. Dadurch wandert ein stechend angeordneter Detektor mit größer werdenden Einschweißtiefen aus dem Bereich des Signalmaximums. Die Superposition beider Effekte begründet den größeren Signalgradienten der seitlichen Dioden.

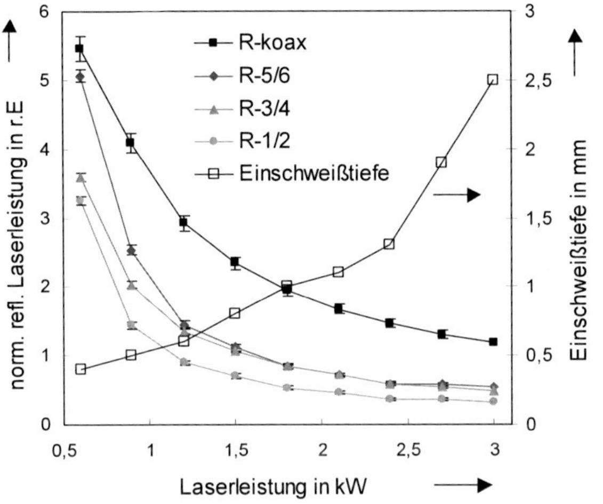

Bild 46: Einfluss der einstrahlenden Laserleistung auf die reflektierte Laserleistung und Korrelation zur Einschweißtiefe (St22, v = 5 m/min, z_F= 0 mm).

Der Kapillardurchmesser erweist sich im Vergleich zur Einschweißtiefe für die Variation der Laserleistung als näherungsweise konstant (Bild 47). Das resultierende Schachtverhältnis steigt mit der Laserleistung, der Reflexionsgrad der Kapillare nimmt ab. Der asymptotische Verlauf der Messkurven wird qualitativ durch die Ergebnisse der Simulationsrechnung bestätigt. Da letztere die gesamte reflektierte Leistung berücksichtigen, die Messungen jedoch nur den durch die Apertur der Fokussierlinse umfassten Bereich wiedergeben, unterscheiden sich die beiden Kurven quantitativ. Im

Bereich kleinster Schachtverhältnisse ergibt die Messung der reflektierten Laserleistung einen größeren Signalgradienten im Vergleich zur Simulation.

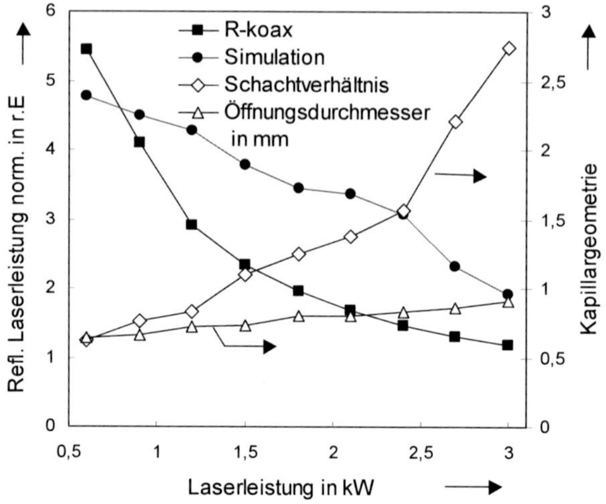

Bild 47: Zusammenhang zwischen Laserleistung, Schachtverhältnis der Kapillare und reflektierter Laserleistung aus Messung und Simulation (siehe Bild 46).

6.1.4.2 Vorschubgeschwindigkeit

Die Vorschubgeschwindigkeit bestimmt bei konstanter Leistung die Streckenenergie und ist damit ebenfalls maßgebend für die Einschweißtiefe. Bild 49 zeigt die Abhängigkeit der reflektierten Laserstrahlung von der Vorschubgeschwindigkeit und die dabei erreichten Einschweißtiefen. Die Zusammenhänge erweisen sich bei den seitlichen Detektoren umso deutlicher, je näher sich deren Position an der Strahlachse befindet. Detektor R-5/6 zeigt den größten Signalgradienten, während die strahlkoaxiale Messung R-koax wieder einen Rückgang verzeichnet. Begründet ist dies auch durch die zunehmende Neigung der Kapillare in Vorschubrichtung mit ansteigender Geschwindigkeit (Kapitel 4.2). Die reflektierte Laserleistung wird dabei zunehmend auf die seitlichen Detektoren gerichtet (R-5/6). Die strahlkoaxiale Position (R-koax) verliert dadurch an Signalstärke.

Der Öffnungsdurchmesser der Kapillare bleibt im Vergleich zur Einschweißtiefe nahezu konstant über der Vorschubgeschwindigkeit im angeführten Parameterbereich (Bild 53). Das Schachtverhältnis verringert sich mit zunehmender Vorschubgeschwindigkeit maßgeblich aufgrund der abnehmenden Kapillartiefe. Der damit verbundene Anstieg in den Messwerten der reflektierten Laserstrahlung wird von der Simulationsrechnung qualitativ bestätigt.

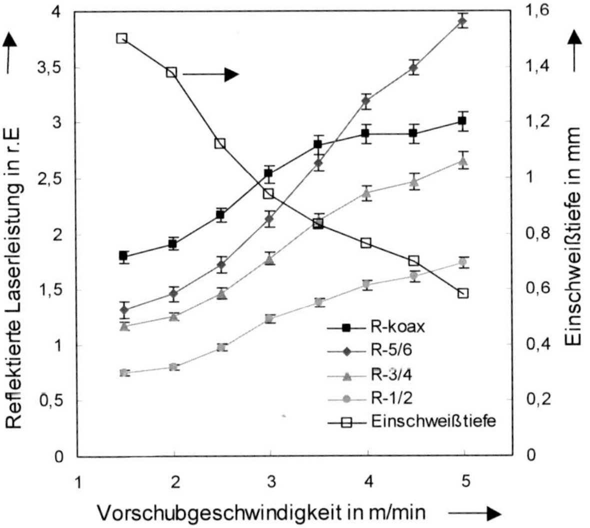

Bild 48: Einfluss der Vorschubgeschwindigkeit auf die reflektierte Laserleistung und die Einschweißtiefe (St22, P_L= 1,0 kW, z_F= 0 mm).

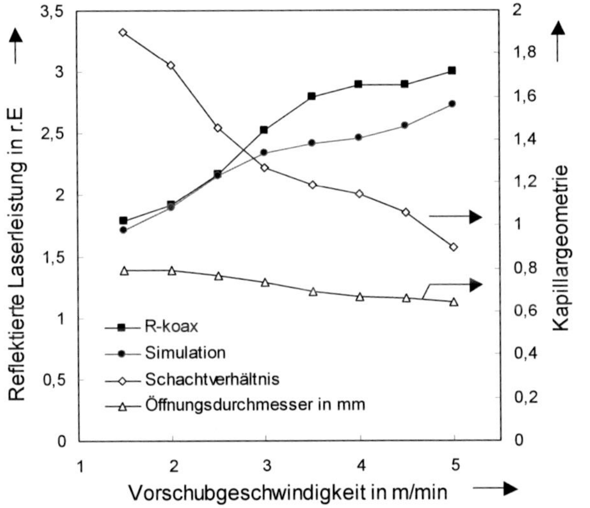

Bild 49: Zusammenhang zwischen Vorschubgeschwindigkeit, Schachtverhältnis der Kapillare und reflektierter Laserleistung aus Messung und Simulation (siehe Bild 48).

6.1.4.3 Relative Fokuslage

Die relative Fokuslage ist ein bedeutender Prozessparameter, der beim Laserstrahlschweißen nur geringsten Abweichungen unterworfen sein darf. Dennoch verursachen in der Fertigung Bauteiltoleranzen Abweichungen des tatsächlichen Bearbeitungspunktes von der vorgegebenen Fokuslage. Die Auswirkung einer kontinuierlichen Fokuslagenänderung auf die reflektierte Laserleistung zeigt Bild 50. Durch eine definierte Neigung des Werkstücks erfährt die Einschweißung eine Änderung der relativen Fokuslage von +2 mm (über dem Werkstück) bis –2 mm (im Werkstück).

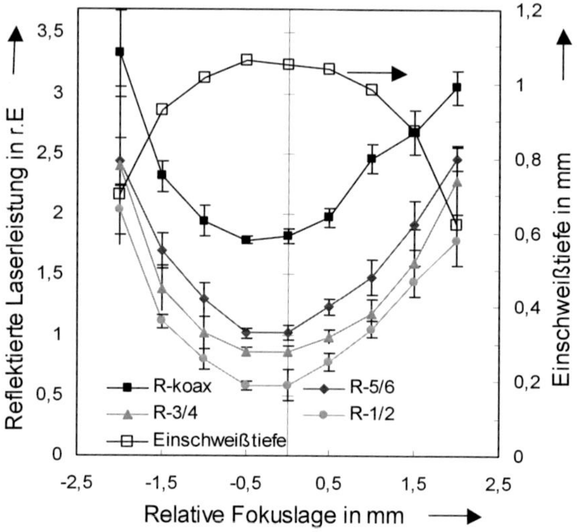

Bild 50: Einfluss der relativen Fokuslage auf die reflektierte Laserleistung und die erzielte Einschweißtiefe (St22, P_L= 1,2 kW, v = 5 m/min, z_F= 0 mm).

Dabei wird in einem übereinstimmenden Minimum (z_f=–0,5 mm) aller vier Detektoren eine optimale Einkopplung angezeigt. Sie ist verknüpft mit der maximal erzielten Einschweißtiefe. Der Zusammenhang zwischen relativer Fokuslage und reflektierter Laserleistung wird am deutlichsten von Detektor R-5/6 wiedergegeben. Die Aussagekraft der Signale sinkt mit den Detektoren R-3/4, R-1/2 und R-koax.[4]

[4] Durch die Gestaltung der Versuchsdurchführung ändert sich neben der relativen Fokuslage auch die relative Position der seitlichen Detektoren bezüglich der Kapillaröffnung. Während bei der koaxial positionierten Photodiode die Abbildung der Kapillare durch Änderung des

Der Öffnungsdurchmesser der Kapillare bleibt im Vergleich zur Einschweißtiefe nahezu konstant über der Änderung der relativen Fokuslage im angeführten Parameterbereich (Bild 51). Das Schachtverhältnis verringert sich mit zunehmender Defokussierung maßgeblich aufgrund der abnehmenden Kapillartiefe. Der damit verbundene Anstieg in den Messwerten der reflektierten Laserstrahlung ist größer als der aus der Simulationsrechnung zu erwartende. Zu begründen ist dies durch den mit der Defokussierung ansteigenden Strahlquerschnitt: während die Kapillaröffnung nahezu konstant bleibt, erhöht sich somit der Anteil der gemessenen Laserstrahlung, der direkt von der Werkstückoberfläche reflektiert wird, und nicht die Kapillare durchläuft.

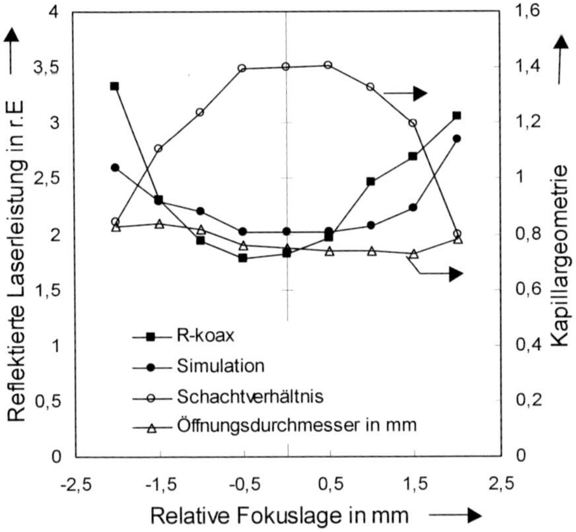

Bild 51: Zusammenhang zwischen relativer Fokuslage, Schachtverhältnis der Kapillare und reflektierter Laserleistung aus Messung und Simulation (siehe Bild 50).

6.1.4.4 Ein- und Durchschweißung

Eine sehr große Aussagekraft enthält das Signal bezüglich der Unterscheidung zwischen Ein- und Durchschweißung, z. B. bei fehlendem Bindepartner am Überlappstoß. Die Durchschweißung und damit die Öffnung der Kapillare ermöglicht einem großen Anteil der Laserleistung, auf der Rückseite des Bleches zu entweichen. Die auf

---

Objektabstands eine unkritische Unschärfe erfährt, ändert sich der Betrachtungswinkel der seitlichen Detektoren um einen Wert von maximal 1,2°. Die reflektierte Laserleistung zeigt sich jedoch gemäß Bild 45 über derart kleine Winkeländerungen konstant.

die Detektoren zurückreflektierte Laserleistung verringert sich um diesen Anteil. Im Signalverlauf ist dies durch einen Einbruch gekennzeichnet (Bild 53). Detektor R-5/6 zeigt auch hier die größten Signalunterschiede zwischen Ein- und Durchschweißung.

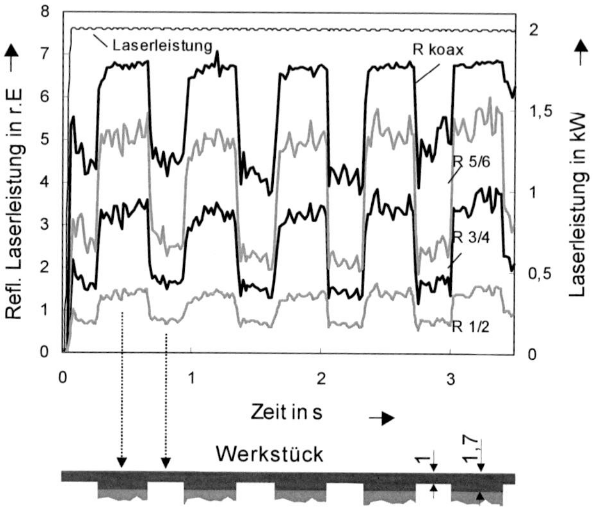

Bild 52: Signalunterschied bei Durch- und Einschweißung in St22 (P_L= 2kW, v = 5m/min, z_F= 0mm).

Dieses Verhalten kann insbesondere bei Schweißungen verdeckter T-Stöße oder zur Absicherung eines kontinuierlichen Durchschweißens genutzt werden. Der Effekt ist umso deutlicher, je kleiner das Schachtverhältnis der Kapillare ist. Mit zunehmender Einschweißtiefe ist die Absorption der Kapillare so groß, dass kein Unterschied besteht, ob die Laserleistung im Falle der Durchschweißung transmittiert oder im Falle der Einschweißung von der Kapillare absorbiert wird.

6.1.5 Vergleich der Parametereinflüsse

Betrachtet man die Ergebnisse der Versuchsreihen zu den Prozessparametern Laserleistung, Vorschubgeschwindigkeit und Fokuslage hinsichtlich der Einschweißtiefe, so ergeben sich die Zusammenhänge in Bild 53 für die Detektoren R-koax und R5/6. Die Messwerte für die reflektierte Laserleistung zeigen die charakteristische Beziehung aus den Ergebnissen der Simulationsrechnung (Kapitel 4.4.1). Mit zunehmender Einschweißtiefe nähern sich die Messwerte asymptotisch einem Minimum an. Daraus ist zu erkennen, dass der Messaufbau unter den verwendeten Parametern einen aussagekräftigen Indikator für die Einschweißtiefe bis zu einem

Wert von ca. 1,5 mm liefert. (Die Auswertung eines Versuchsprogramms, das einen erweiterten Bereich der Einschweißtiefe betrachtet, ist in Kapitel 7.3.1 angeführt.)

Im Vergleich der beiden Detektoren weist R-5/6 den größeren Signalgradienten im Bereich geringer Einschweißtiefen auf. Neben dem grundlegenden Zusammenhang zwischen Schachtverhältnis und reflektierter Laserleistung zeigt sich hier der überlagerte Effekt, der in Kapitel 4.4.1 bzw. 4.4.3 anhand der Simulationsrechnung diskutiert wurde: Mit ansteigender Tiefe richtet die Kapillare die reflektierte Laserstrahlung zunehmend koaxial zum Laserstrahl aus; außeraxial, schleppend angebrachte Detektoren verlieren dadurch zusätzlich an Signalstärke. Der Signalgradient erhöht sich zwar bezüglich der Einschweißtiefe, jedoch verkleinert sich dadurch der Messbereich.

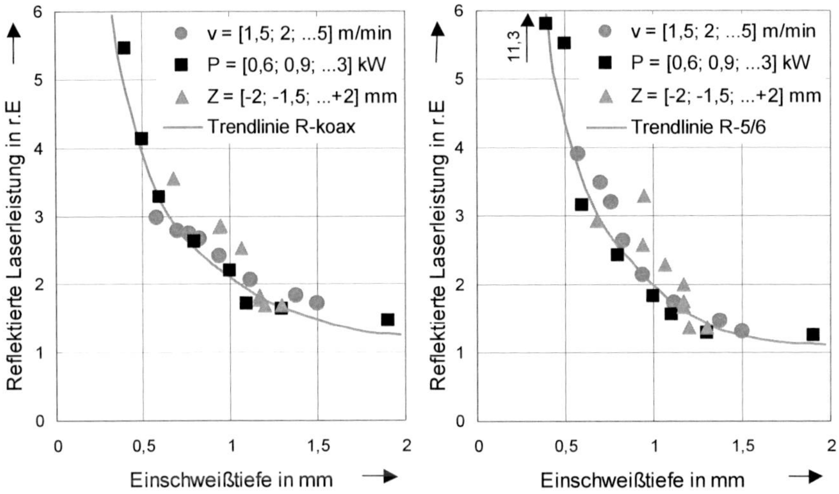

Bild 53: Zusammenhang zwischen reflektierter Laserleistung und Einschweißtiefe in Abhängigkeit der untersuchten Parameter für die Detektoren R-koax und R-5/6 (St22).

6.1.6 Nahtdefekte

6.1.6.1 Prozessporen

Auf Grundlage der bisherigen Ergebnisse wird der Messaufbau hinsichtlich der Detektoranordnung und dessen Strahlengang verbessert. Das schleppend angebrachte Diodenarray wird durch einen Einzeldetektor an der als optimal erwiesenen Position ersetzt, jedoch mit einer abbildenden Optik versehen. Dadurch kann gezielt ein Messfleck in der Wechselwirkungszone überwacht werden, hier insbesondere die

Rückwand der Dampfkapillare. Dies ist deshalb von Bedeutung, da der Entstehungsort der Prozessporen und Auswürfe in diesem Bereich liegt. Die gezielte Messung aus diesem Bereich, entkoppelt von anderen reflektierenden Oberflächen, verspricht eine direkte Wiedergabe der Kapillarfluktuationen, die Nahtdefekte bedingen.

Andererseits jedoch werden bei Schweißungen in Aluminium auch Fluktuationen detektiert, die nicht unmittelbar zu einer Pore führen (siehe Kapitel 5.3.4).

Zudem hängt die Aussagekraft des Signals von der Größe des Hohlraums und der damit verbundenen Änderung des Schachtverhältnisses der Kapillare ab. Die Entstehung von Poren kleinen Durchmessers lässt sich nicht von der überlagerten Signalfluktuation differenzieren, die aus grundlegenden Kapillaroszillationen herrührt.

Invers hierzu kann jedoch davon ausgegangen werden, dass eine Schweißung frei von Poren ist, wenn keinerlei Ausformung der Kapillare (mit oder ohne Abschnürung eines Hohlraums) durch Messung der reflektierten Laserleistung indiziert ist. Hierzu kann durch Aufweitung der Kapillaröffnung gegen die stets auftretende Oszillation der Kapillare das ungehinderte Abströmen des Metalldampfes sichergestellt werden. Trotz auftretender Einschnürungen behält die Kapillare einen Mindestdurchmesser, durch den stets Metalldampf entweichen kann. So wird ein überhöhter Druckaufbau im Kapillargrund vermieden und die damit verbundene Auswirkung auf das Schmelzbad verhindert.

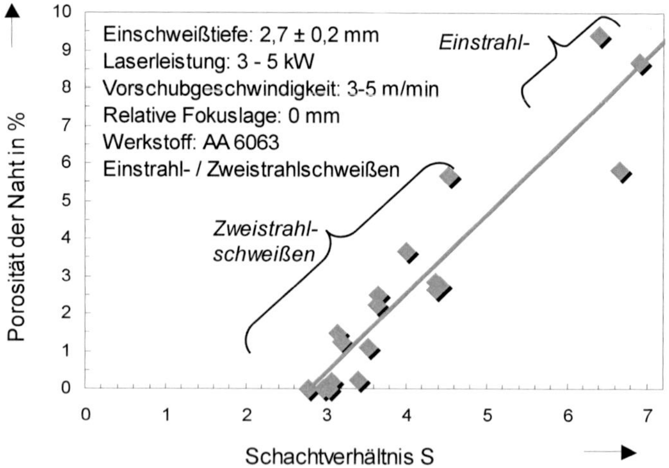

Bild 54: Porosität als Verhältnis aus Poren- und Anbindequerschnittsfläche in Abhängigkeit des Schachtverhältnisses der Kapillare. Bei konstanter Einschweißtiefe wurde die Kapillaröffnung durch Einsatz der Zweistrahltechnik vergrößert.

Ist durch die vorgegebene Schweißaufgabe eine bestimmte Einschweißtiefe gefordert, so kann der Kapillardurchmesser wesentlich durch die Zwei- oder Vielstrahltechnik beeinflusst werden [52]. Bild 54 zeigt hierzu die Porosität (Verhältnis aus Anzahl der Poren multipliziert mit deren Querschnittsfläche und Anbindequerschnitt der Naht[5]) in Abhängigkeit des erzielten Schachtverhältnisses. Unterschiedliche Öffnungsdurchmesser der Kapillare wurden durch den Abstand und die Anordnung der beiden Laserstrahlen als auch deren Leistungsverteilung erzeugt. Die Einschweißtiefe ist dabei konstant. Kennzeichnend ist, dass ab einem Schachtverhältnis von ca. 3 der Anteil der Nahtquerschnittsfläche, der durch Poren ausgemacht wird, proportional mit steigendem Schachtverhältnis zunimmt. Das Maximum wird beim Schweißen mit einem Strahl erreicht [53]. Der Wert für das maximal mögliche Schachtverhältnis von ca. S=3, das eine gerade noch stabile Kapillare kennzeichnet, ergibt sich auch nach der Stabilitätsbedingung von [37] (siehe Kapitel 4.2.2).

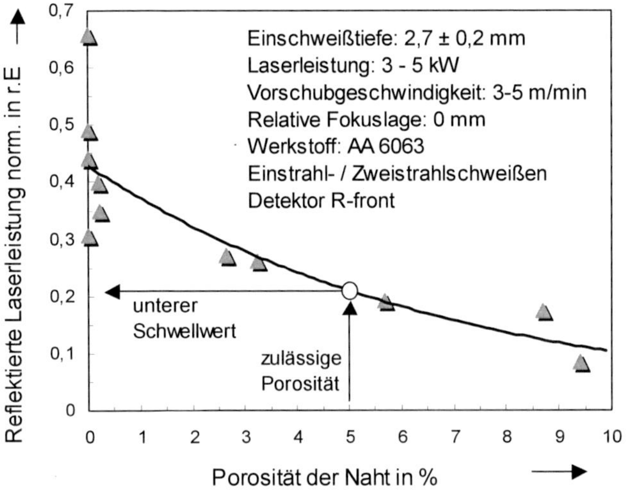

Bild 55: Das Schachtverhältnis der Kapillare bildet den Zusammenhang zwischen der reflektierten Laserleistung und der Porosität der Naht. Steigt das Schachtverhältnis, so nimmt die reflektierte Laserleistung ab und die Porosität zu.

---

[5] Die Forderung einer Mindestnahttiefe gründet meist auf den Anspruch einer definierten Zugfestigkeit der Naht, die Näherungsweise dem Nahtquerschnitt proportional gesetzt werden kann. Durch das Auftreten von Poren wird entsprechend ihrer Querschnittsflächen dieser Anbindequerschnitt herabgesetzt.

Legt man den Zusammenhang zwischen reflektierter Laserleistung und Schachtverhältnis zugrunde, so kann auf die Porosität als Funktion der reflektierten Laserleistung geschlossen werden (Bild 55). Kleine Schachtverhältnisse zeigen große Werte für die reflektierte Laserleistung, führen jedoch nur zu geringer Porosität in der Naht. Nimmt die reflektierte Leistung ab, nimmt die Porosität zu. Durch Auswertung der Messwerte hinsichtlich des Unterschreitens eines unteren Schwellwertes kann die notwendige Bedingung zur Porenbildung überwacht werden. Der Schwellwert kann entsprechend der gerade noch erlaubten anteiligen Porenquerschnittsfläche gewählt werden. Generell ist jedoch die Aussage nur für eine statistische Betrachtung bezüglich des Auftretens von Poren gültig. Das einzelne Ereignis der Porenbildung kann aus dem Signalverlauf der reflektierten Laserleistung nicht sicher abgeleitet werden.

6.1.6.2 Schmelzbadhebung und Auswurf

Änderungen im Schachtverhältnis, die mit der Schmelzbadhebung oder einem Auswurf einhergehen, spiegeln sich direkt im Signal der reflektierten Laserleistung wieder. Für die Schmelzbadhebung folgt nach der Verdrängung der Schmelze, die durch ein erstes lokales Signalmaximum indiziert ist, das Zurückfließen der Schmelze. Die ursprüngliche Kapillargeometrie stellt sich mit etwa der gleichen Zeitspanne wieder ein, der Signalverlauf beschreibt ein symmetrisches Dreieck, dessen Basis sich über ca. 4 ms erstreckt (Bild 56).

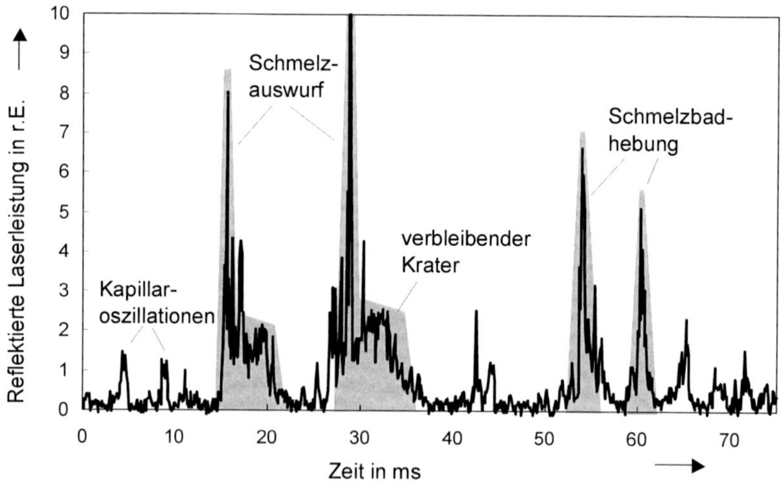

Bild 56: Schmelzauswurf und Schmelzbadhebung erzeugen unterschiedliche, charakteristische Signalverläufe (Detektor R-koax).

Der Signalverlauf beim Schmelzauswurf verbleibt nach Durchlaufen des lokalen Maximums (Schmelzauswurf) zunächst auf einem höheren Signalniveau. Im nachfolgenden Zeitraum von ca. 7 ms wird durch den Laserstrahl Material aufgeschmolzen, bis sich das Schmelzbad erneut ausgebildet hat. Durch diesem der Signalspitze nachgelagerten Plateau ist der Schmelzauswurf eindeutig charakterisiert.

Zur Verbesserung der Aussagekraft wird in Analogie zur Porendetektion ein zweiter, achsparallel positionierter Detektor eingesetzt, der mit einer abbildenden Optik ausgestattet ist (Bild 57). Durch Abbildung eines Messflecks, der unmittelbar hinter der kontinuierlich ausgebildeten Kapillare auf dem Schmelzbad liegt, zeichnen sich die erheblichen Fluktuationen der Kapillaröffnung, die mit Schmelzauswürfen einhergehen, deutlich im Messsignal ab: Solange das Schmelzbad gefüllt ist, erreicht Detektor 2 keine aus der Kapillare reflektierte Laserstrahlung. Wird die Schmelze ausgeworfen, lässt dies die Kapillaröffnung in den Bereich des Messflecks wandern; Detektor 2 wird dann mit reflektierter Laserstrahlung beaufschlagt. Zusätzlich verringert sich das Schachtverhältnis erheblich, wodurch die reflektierte Laserleistung zunimmt.

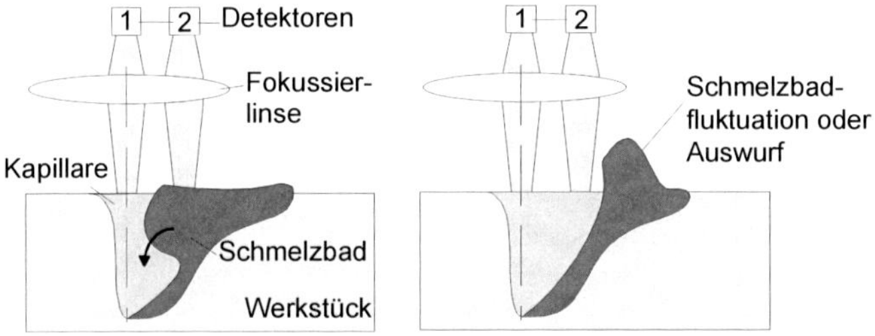

Bild 57: Detektoranordnung zur Verbesserung der Aussagekraft bei der Detektion von Schmelzbadhebungen und Auswürfen.

Die Detektoranordnung erzeugt bei entsprechender Justage des Messflecks relativ zur Kapillare sehr hohe Signal/Rausch-Verhältnisse. Bild 58 zeigt dies bei einer Schweißung zweier verzinkter Stahlbleche im Überlappstoß. Der Nahtbereich links ist gekennzeichnet durch einen Spalt von 0,05 mm im Überlappstoß aus, im rechten Bereich der Naht wurde ein technischer Nullspalt sichergestellt. Während im ersten Nahtabschnitt das erhöhte Aufkommen von Metalldampf zwischen den beiden Fügepartnern entweichen kann, erfordert der zweite ein Ausgasen des Zinkdampfes durch die Kapillare. Ausgelöst durch einhergehende Kapillarfluktuationen werden Schmelztropfen aus dem Schmelzbad ausgeworfen. Durch die vergrößerte Kapillare liegt nun der Messfleck des Detektors 2 nicht mehr auf dem Schmelzbad, sondern innerhalb der Kapillaröffnung und wird entsprechend dem Schachtverhältnis mit Laserleistung beaufschlagt [54].

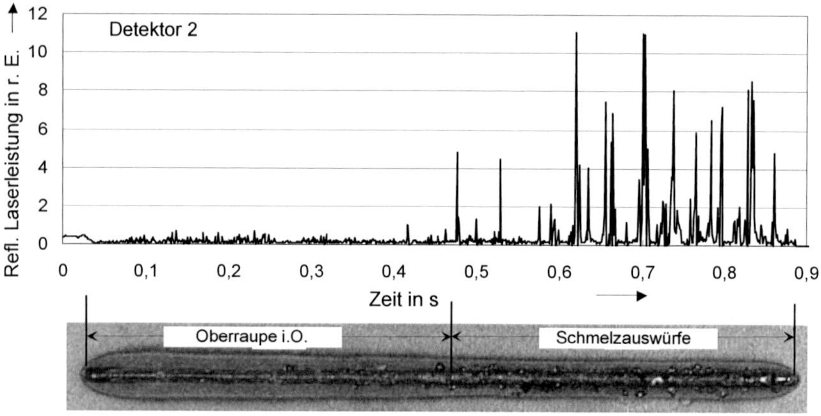

Bild 58: I-Naht am Überlappstoß zweier verzinkter Bleche. Das Ausgasen von Zink verursacht Schmelzauswürfe, die in deutlicher Korrelation zum Messsignal stehen.

6.2 Reflektierte Laserleistung beim Schweißen mit CO_2-Laser

6.2.1 Messaufbau

Ein Bearbeitungskopf für das Schweißen mit CO_2-Laser wird mit einem Scraper-Spiegel zur Auskopplung der reflektierten Leistung ausgestattet (Bild 59). Nach der Wechselwirkung der Laserstrahlung mit dem Werkstück trifft ein Teil der reflektierten Strahlung wieder auf den Fokussierspiegel der Bearbeitungsoptik, der deutlich größere Abmessungen hat als der Bearbeitungsstrahl. Von dort wird sie auf den fokussierenden Scraper-Spiegel gelenkt, der sie schließlich senkrecht zur Strahlachse auf den Detektor leitet. Ein Interferenzfilter sorgt dafür, dass Emissionen eines eventuell auftretenden Metalldampfes oder Plasmas die Messungen nicht verfälschen können.

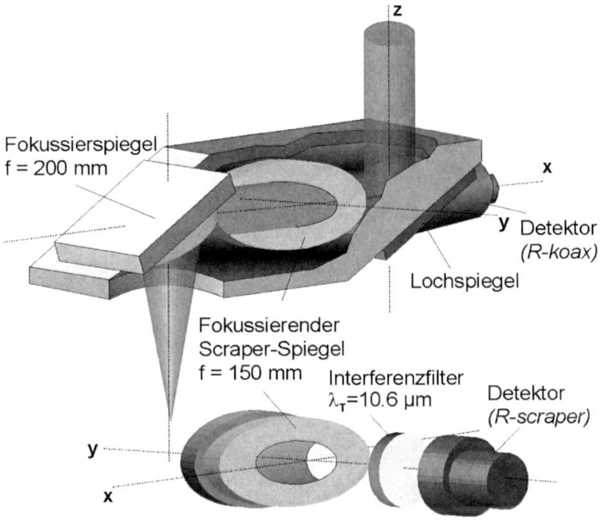

Bild 59: Bearbeitungsoptik für CO2-Laser und Scraper-Spiegel zur Messung der reflektierten Laserleistung.

Die außeraxiale Messung der reflektierten Laserleistung trägt den Ergebnissen der Simulation Rechnung: eine schleppende Anordnung der Messposition ergibt aussagekräftigere Signalgradienten.

Eine strahlkoaxiale Messung wird durch einen Lochspiegel als 90°-Umlenkspiegel realisiert. Der Spiegel ist in einem Raster von 3 auf 3 mm mit Bohrungen von 0,5 mm Durchmesser durchsetzt. Die Bohrungen sind an der Spiegelrückseite auf 1,5 mm erweitert, um die Auswirkung eines Wellenleiters zu verhindern (Bild 60). Durch die große Anzahl der Bohrungen soll sichergestellt werden, dass die Messung der reflektierten Strahlung einen Mittelwert aller beaufschlagten Löcher ergibt und damit möglichst der gesamten reflektierten Leistung äquivalent ist. Eine Messung durch ein einziges dieser Löcher unterläge maßgeblich der fluktuierenden räumlichen Verteilung der reflektierten Strahlung.

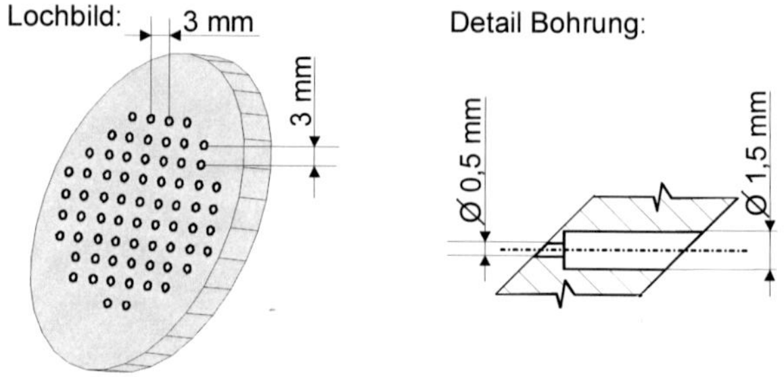

Bild 60: Umlenkspiegel als Strahlteiler mit Lochmatrix und Bohrung im Detail.

Der Leistungsverlust dieser Anordnung beträgt zusätzlich 5 % des Hauptstrahls. Maßgeblich ist der Flächenanteil T der Löcher an der Spiegelfläche. Die nullte Beugungsordnung der transmittierten Strahlung bietet sich als Messstrahl an. Die Vermessung der Strahlqualität hinsichtlich der Beeinflussung durch den Lochspiegel ergibt im Austausch zu einem herkömmlichen Spiegel keine signifikante Veränderung. Die Kühlung des Spiegels ist mit Druckluft gewährleistet, die die Löcher durchströmt. Dazu wird das Gehäuse nach dem Lochspiegel mit einem Stahlzylinder (gleicher Wärmeausdehnungskoeffizient wie der Spiegel) und einer Fokussierlinse aus ZnSe als Auskoppelfenster abgedichtet [55].

Der Vorteil des Scraper-Spiegels liegt darin, dass dieser keinen weiteren Einfluss auf den Laserstrahl hat und dadurch eine höhere Akzeptanz im Einsatz zur Prozessüberwachung aufweisen wird. Durch entsprechende Faltung des Strahlenganges kann der Detektor R-scraper auch mit geringerem Bauraum ausgeführt werden. Generell sind beide Ausführungen bezüglich der Schweißrichtung unabhängig.

Anstelle einfacher Photodioden besteht der Detektor hier aus einer abgestimmten Kombination eines Thermosäulendetektors zur Messung des Dauerstrich-Anteils sowie eines Pyrodetektors, der nur für den zeitlich schwankenden Anteil der reflektierten Leistung sensitiv ist. Beide Sensoren sind in einer Ulbricht-Kugel angeordnet und erlauben eine Signalerfassungsrate von mehreren kHz.

6.2.2 Einfluss der Prozessparameter

6.2.2.1 Laserleistung

Die dem entwickelten Messverfahren zugrunde liegenden physikalischen Zusammenhänge zwischen Schachtverhältnis und reflektierter Laserleistung können auch für CO_2-Laser bestätigt werden. Den Einfluss der Laserleistung auf die Einschweißtiefe und die reflektierte Laserleistung zeigt Bild 61. Mit ansteigender Laserleistung nimmt die Einschweißtiefe und damit das Schachtverhältnis zu. Der Verlauf der normierten reflektierten Laserleistung zeigt auch hier die Gültigkeit der physikalischen Grundlagen: Mit zunehmenden Schachtverhältnis verringert sich der Gesamtreflexionsgrad der Kapillare.

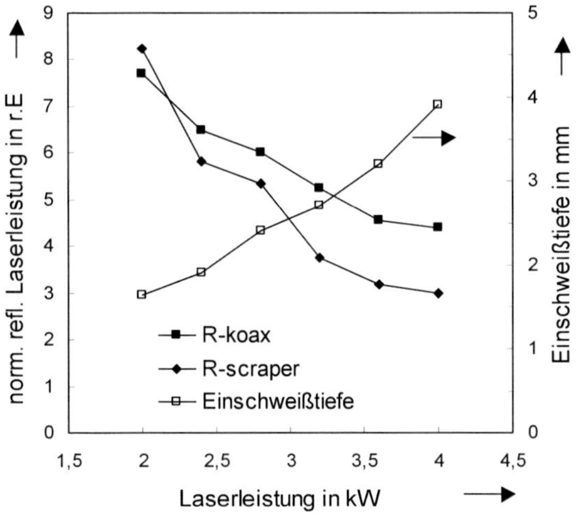

Bild 61: Einschweißtiefe und reflektierte Laserleistung bei Variation der Laserleistung des CO_2-Lasers. (St22, P_L= 3,0 kW, v = 4 m/min, z_F= 0 mm).

Detektor R-scraper zeigt über der Einschweißtiefe den größeren Gradienten in der reflektierten Laserleistung als Detektor R-koax. Der Verlauf verdeutlicht außerdem, dass das Messverfahren mit Einsatz der gewählten Systemtechnik und Prozessparameter bis ca. 3,5 kW Laserleistung und damit einer Einschweißtiefe bis ca. 3 mm Änderungen des Schachtverhältnisses anzeigen kann. Durch die asymptotische Annäherung der Kurven an ein Signalminimum führen darüber hinausgehende Einschweißtiefen zu keiner weiteren signifikanten Änderung der reflektierten Laserleistung.

6.2.2.2 Vorschubgeschwindigkeit

Den Einfluss der Vorschubgeschwindigkeit auf die Einschweißtiefe und die reflektierte Laserleistung zeigt Bild 62. Mit zunehmender Vorschubgeschwindigkeit verringert sich die Einschweißtiefe und somit das Schachtverhältnis der Kapillare. Der Signalverlauf der reflektierten Laserleistung steigt dabei an. Detektor R-scraper weist für unterschiedliche Einschweißtiefen im Vergleich zu R-koax einen deutlich größeren Signalgradienten auf. Im Bereich der vollständigen Durchschweißung reduziert sich der Signalgradient.

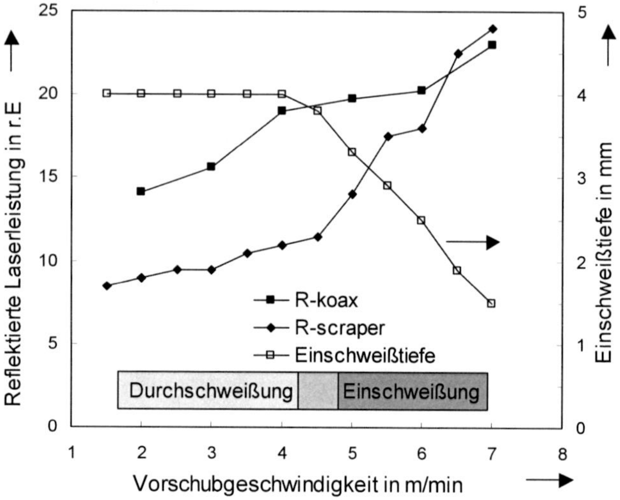

Bild 62: Einschweißtiefe und reflektierte Laserleistung bei Variation der Vorschubgeschwindigkeit (St22, P_L= 4,5 kW, z_F= 0 mm).

6.2.2.3 Fokuslage

Die Auswirkung einer kontinuierlichen Fokuslagenänderung auf die Einschweißtiefe und die reflektierte Laserleistung zeigt Bild 63. Durch eine definierte Neigung des Werkstücks erfährt die Einschweißung eine Änderung der relativen Fokuslage von -2,5 mm (über dem Werkstück) bis +2,5 mm (im Werkstück). Das Minimum beider Signalverläufe (z_f=–0,5 mm) indiziert dabei eine optimale Einkopplung und ist verknüpft mit der maximal erzielten Einschweißtiefe. Davon abweichende Fokuslagen lassen die Werte für die reflektierte Leistung wieder ansteigen. Der Zusammenhang zwischen relativer Fokuslage und reflektierter Laserleistung wird am deutlichsten von Detektor R-scraper wiedergegeben.

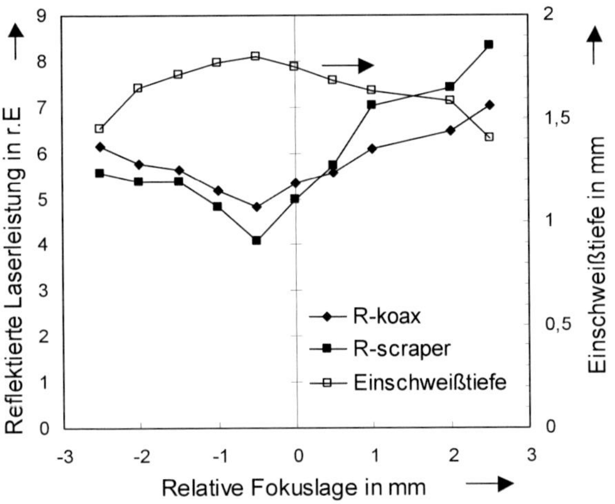

Bild 63: Einschweißtiefe und reflektierte Laserleistung bei Variation der relativen Fokuslage (St22, P_L= 3,0 kW, v = 4 m/min, z_F= 0 mm).

6.2.3 Qualitätsrelevante Merkmale

Repräsentativ für die Funktionalität des Verfahrens zur Detektion von Nahtdefekten beim Schweißen mit CO_2-Laser wird exemplarisch der Schmelzauswurf dargestellt. Das Ausbilden von Prozessporen kann auch beim Einsatz von CO_2-Lasern nicht direkt durch die reflektierte Laserleistung indiziert werden. Dies liegt an den bereits in Kapitel 5.3.7 diskutierten Gründen.

Jedoch kennzeichnet der Signalverlauf in Bild 64 sehr gut das Auswerfen von Schmelze. Die einhergehende Vergrößerung des Kapillardurchmessers führt zu geringeren Schachtverhältnissen und sorgt damit für Signalausschlag durch zunehmenden Reflexionsgrad. Die breite Basis des lokalen Maximum im Signalverlauf deutet auch hier an, dass die Schmelze abgelöst wurde und nicht in das Schmelzbad zurückfließen konnte (siehe Kapitel 6.1.6.2). Ein Loch verbleibt in der Naht.

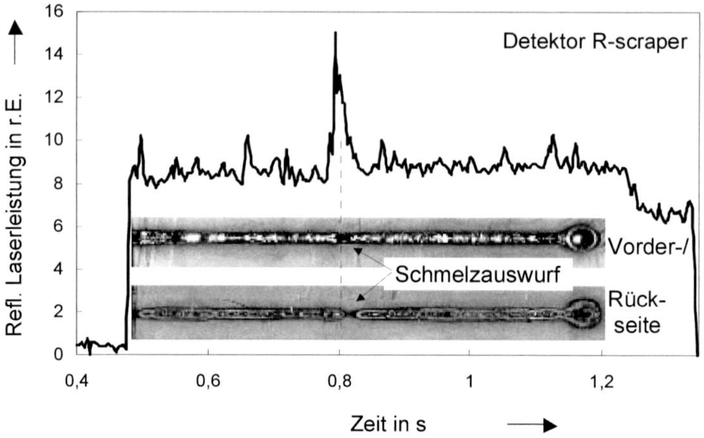

Bild 64: Detektion eines Schmelzauswurfs beim Schweißen von St22 mit CO_2-Laser (P_L= 2,4 kW, v = 4 m/min, z_F= 0 mm).

6.3 Zusammenfassung zur experimentellen Evaluierung

Verschiedene Messanordnungen zur Detektion der reflektierten Laserstrahlung für Nd:YAG- und CO2- Laser wurden in entsprechenden Versuchsaufbauten realisiert. Die experimentellen Ergebnisse qualifizieren die Messgröße „reflektierte Laserstrahlung" als einen Indikator, der im direkten Zusammenhang mit der Kapillargeometrie steht. Die sich hieraus ergebenden wesentlichen Ergebnisse sind:

Anhand des Einflusses unterschiedlicher Prozessparameter wurde der Nachweis des Zusammenhangs zwischen Schachtverhältnis und reflektierter Laserleistung als physikalisches Wirkprinzip erbracht. Innerhalb bestimmter Grenzen des Schachtverhältnisses ist dadurch die Bestimmung der momentanen Einschweißtiefe möglich.

Die charakteristische Verteilung und Gesamtleistung der reflektierten Laserstrahlung stimmt qualitativ mit den Ergebnissen aus der Simulationsrechnung überein. Im Vergleich weisen die Messwerte stets einen größeren Signalgradienten über der Einschweißtiefe aus.

Parameterstudien geben Aufschluss über die Grenzen der Aussagefähigkeit des Messverfahrens. In Abhängigkeit der Fokussierbedingungen kann im typischen Dickenbereich von Karosserieblechen die Einschweißtiefe sichergestellt werden. Ein signifikantes Unterscheidungsmerkmal zwischen Ein- und Durchschweißung bei Stahlwerkstoffen ist durch einen sehr großen Signalgradienten gegeben.

Der Werkstoff Aluminium bringt jedoch eine erhebliche grundlegende Prozessdynamik mit sich, sodass eine Bestimmung der Schweißtiefe nur bedingt möglich ist. Ebenso kann auch die Formation von Prozessporen nicht eindeutig und direkt detektiert werden. Jedoch kann durch Auswertung der reflektierten Laserleistung hinsichtlich eines unteren Schwellwertes sichergestellt werden, dass eine bestimmte Häufigkeit des Auftretens von Poren nicht überschritten wird.

Schmelzauswürfe beim Schweißen von Aluminium lassen sich von Schmelzbadhebungen durch ihren charakteristischen Signalverlauf separieren. In der Naht verbleibende Löcher können dadurch sicher indiziert werden.

Die Funktionalität des Verfahrens konnte durch die Versuchsergebnisse für beide, Nd:YAG- und CO_2-Laser, bestätigt werden.

7 Mehrdetektorensystem zur In-Prozess-Überwachung

Die grundlegenden Ergebnisse aus den theoretischen und experimentellen Untersuchungen liefern die Basis zur Realisierung eines industriell einsetzbaren Mehrdetektorensystems für die In-Prozess-Überwachung des Laserstrahlschweißens. Die den industriellen Einsatz begleitenden Aspekte liefern die Anforderungen an das zu entwickelnde System, die entsprechend einer Priorisierung in Teillösungen abgehandelt werden. Diese werden auf Basis der bisher erzielten Erkenntnisse konstruktiv umgesetzt und zu einer Gesamtlösung zusammengeführt. Abschließend wird die Funktionalität des realisierten Mehrdetektorensystem in Versuchsreihen verifiziert.

7.1 Teilaspekte eines Mehrdetektorensystems

Aus den nachfolgend aufgeführten Aspekten der industriellen Fertigung werden die Forderungen an ein Mehrdetektorensystem abgeleitet. Die Realisierung erfordert das Aufzeigen der dazu hinreichenden Prozessindikatoren und deren Messverfahren sowie eine Bewertung auf Umsetzbarkeit und Aussagefähigkeit.

7.1.1 Anforderungen an die Funktionalität

Primäre Anforderungen der Anwender an ein In-Prozess-Überwachungssystem liegen in der sicheren Detektion der Qualitätsmerkmale Einschweißtiefe, Anbindung an den Fügepartner, Prozessporen und Nahtauswürfe.

Einschweißtiefe:

Bisher wird oftmals die ausreichende Einschweißtiefe dadurch sichergestellt, dass z.B. bei der I-Naht am Überlappstoß beide Fügepartner durchschweißt werden. Die rückseitig ausgebildete Nahtwurzel dient dann zur visuellen Bestätigung der Anbindung. Die Verfahrenssicherheit wird hier durch einkalkulierte, kostenverursachende Sicherheitspuffer erzielt [56, 57]. Kann durch ein Überwachungssystem die erforderliche Einschweißtiefe sichergestellt werden, bedeutet dies nicht nur weniger Wärmeeinbringung in das Bauteil, sondern es eröffnet auch neue Anwendungsfelder. So kann z.B. die Schweißverbindung ausgeführt werden, ohne die Bauteilrückseite als Sichtfläche zu zerstören.

Anbindefehler:

Die mit der Fertigung einhergehenden Toleranzen der Werkstücke und der Spannmittel können zu Anbindefehlern führen. Spalten in der Fügegeometrie, z.B. bei der

I-Naht am Stumpfstoß, lassen einen großen Teil der Laserleistung ungenutzt passieren, es kann sich keine Schmelzbrücke zwischen den Fügepartnern ausbilden. Zu große Spaltmaße können auch bei der Überlappverbindung zu verdeckten Anbindefehlern führen. Nahteigenschaften wie z.B. Festigkeit und Dichtigkeit gehen dabei verloren [58].

Prozessporen:
Prozessporen als eingeschlossene Hohlräume setzen den Anbindequerschnitt der Fügepartner herab und zeigen ihre Auswirkung in der Festigkeit der Naht, vor allem unter Wechselbelastung. In vielen Anwendungen skaliert dieser Einfluss mit der Anzahl der Poren und deren Durchmesser [59]. Dies betrifft vor allem sicherheitsrelevante Bauteile mit der Forderung nach Dauerschwingfestigkeit, z.B. in der Luftfahrttechnik [52].

Schmelzauswürfe:
Die Naht kann ihre Dichtigkeit durch Löcher, die aus Schmelzauswürfen resultieren, verlieren. Hinzu kommt, dass z.B. an Getriebebauteilen oder an Dichtflächen anhaftende Auswürfe zum vorzeitigen Versagen führen können [60, 61, 62, 63]. Nahtoberraupen von Karosserie-Außenhautbauteilen dürfen hinsichtlich der späteren Überarbeitung keine Nahtunterwölbung, Krater oder Löcher, die von Schmelzauswürfen resultieren, aufweisen.

7.1.2 Lösungsmatrix: Merkmal - Indikator - Messverfahren

Nach der Definition der Anforderungen an das Mehrdetektorensystem werden auf Basis der bereits erarbeiteten Lösungsansätze Indikatoren und deren Messgrößen gewählt und entsprechende Messverfahren zugeordnet. Bild 65 gibt eine schematische Zusammenstellung der Messgrößen und –verfahren wieder, Tabelle 7 zeigt die abgeleitete Lösungsmatrix.

Als Messgröße für die Einschweißtiefe wird die reflektierte Laserleistung durch eine schleppend positionierte Si-Fotodiode (Detektor R-front) erfasst (siehe Kapitel 6.1.1).

Koaxial zum Laserstrahl wird eine Lateraleffekt-Diode (Detektor R-koax, R-pos) implementiert. Messgröße ist wiederum die reflektierte Laserstrahlung. Das Messverfahren wird so gewählt, dass die aus der Kapillare reflektierte Laserstrahlung auf die Lateraleffektdiode abgebildet und dadurch ein Wert für den Öffnungsquerschnitt der Kapillare erfasst wird (Detektor R-pos). Dieser dient als Indikator für die Formation von Schmelzauswürfen (siehe Kapitel 5.2.4 und 5.3.4). Des weiteren bietet die Lateraleffektdiode an, die koaxial reflektierte Laserleistung zu bestimmen (Detektor R-koax). Diese dient als Messgröße für den Spalt am Stumpfstoß, da je nach Spaltbreite ein unterschiedlich großer Anteil der Laserleistung die Fügestelle passiert.

Zur Unterstützung der Aussagekraft des Prozessüberwachungssystems bei der Detektion des Merkmals Anbindefehler im Überlappstoß wird dieses durch InGaAs-Fotodioden ergänzt (Detektor T-5 bis T-1). Kleine Sensorflächen erlauben für den

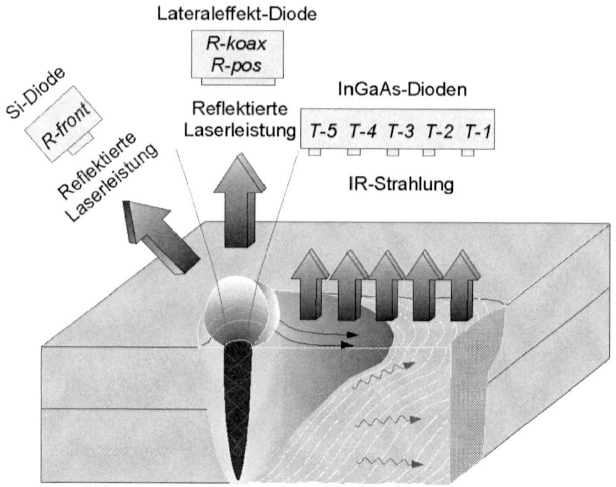

Bild 65: Schematische Darstellung der Messgrößen und der Detektoranordnung.

Wellenlängenbereich von ca. 900 bis 1700 nm eine punktförmige Messung. Als Indikator kann aus dem Temperaturverlauf der Schmelze bzw. der anschließenden Naht auf verdeckte Anbindefehler im Überlappstoß zurückgeschlossen werden. Sind die beiden Fügepartner durch eine Schweißnaht verbunden, dient diese als Wärmebrücke und leitet die eingekoppelte Energie in das unterliegende Blech ab.

Merkmal	***Indikator***	***Messgröße***	***Auswertung***	***Detektor***
Tiefe	Reflexionsgrad der Kapillare	reflektierte Laserstrahlung	lokale Leistungs-dichte	schleppend positionierte Si-Photodiode (R-front)
Anbindung Überlappstoß	Temperaturver-teilung der Naht	Infrarot-strahlung	lokale Leistungs-dichteverteilung	Abbildung Schmelzbad / Naht auf InGaAs-Dioden (T-5 bis T-1)
Anbindung Stumpfstoß	Reflexionsgrad der Kapillare	reflektierte Laserstrahlung	"integrale" Leistungsdichte	koaxial positionierte Si-Photodiode (R-koax)
Auswurf	Öffnungsdurch-messer der Kap.	reflektierte Laserstrahlung	Position (Leistungsdichte)	Abbildung der Kapillare auf Lateraleffekt-Diode (R-pos)
Poren	Reflexionsgrad der Kapillare	reflektierte Laserstrahlung	Leistungsdichte, Fluktuation	schleppend positionierte Si-Photodiode (R-front)

Tabelle 7: Zusammenstellung der Qualitätsmerkmale, Indikatoren, Messgrößen und deren Auswertung sowie die dazu vorgesehenen Detektoren.

Wurde jedoch keine Verbindung hergestellt, so verbleibt die Wärme im oberen Blech, die Strahlungsemission im infraroten Spektrum erreicht aufgrund der größeren Temperatur höhere Werte. Dieses Verfahren ist Stand der Technik und wird bereits erfolgreich in der industriellen Serienfertigung eingesetzt [58].

7.1.3 Konstruktive Umsetzung der Teilaspekte

Die Eigenschaften und Anforderungen, denen das Mehrdetektorensystem genügen muss, lassen sich in sechs Hauptgruppen aufteilen, die zugleich die Rahmenbedingungen zur konstruktiven Gestaltung festlegen (Bild 66). Diese beinhaltet die Definition der Schnittstellen zu den Messwertaufnehmern bzw. der Signalverarbeitung, die Integrationsfähigkeit und Funktionalität als auch Fertigungs- und Qualitätsaspekte.

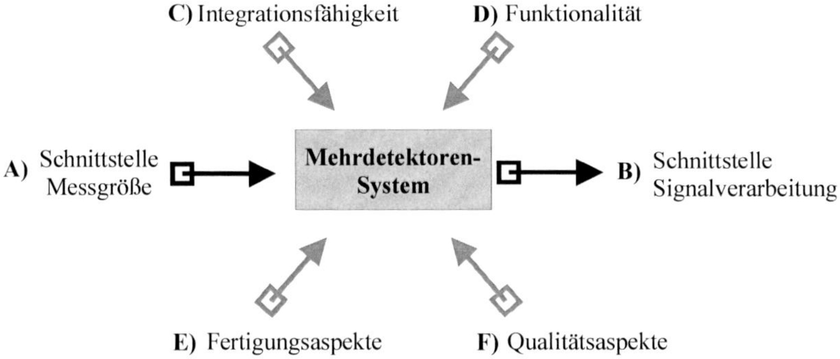

Bild 66: Gliederung der Eigenschaften und Anforderungen als konstruktive Rahmenbedingungen zur Gestaltung des Mehrdetektorensystem [64].

Eine ausführliche Erläuterung dieser Hauptgruppen und deren Priorisierung befindet sich in [64]. Das nachfolgende Kapitel 7.2 stellt auf Basis dieser Rahmenbedingungen bereits die Ergebnisse des Konstruktionsprozesses vor.

7.2 Realisierung des Mehrdetektorensystems

Die Realisierung des Mehrdetektorensystems basiert auf dem Einsatz eines kommerziellen Fokussierkopfes [65], dessen Strahlengang aufgrund der optischen Integration des Mehrdetektorensystems berücksichtigt werden muss (Bild 67). Primär werden zur Bestimmung der Strahlposition auf dem Werkstück Wellenlängen im sichtbaren Spektrum ausgekoppelt, jedoch auch ein geringer Teil (<1 %) der Laserwellenlänge. Dies bietet die Möglichkeit, Detektoren, die auf der Messung der reflektierten Laserleistung basieren, auf den Strahlengang des Bearbeitungslasers aufzusetzen. Die Transmissionskurven der optischen Elemente zeigen, dass die Emission des Schmelzbades im Wellenlängenbereich von 1200 bis 1700 nm ebenfalls durch den Strahlengang des Fokussierkopfes gemessen werden kann[6].

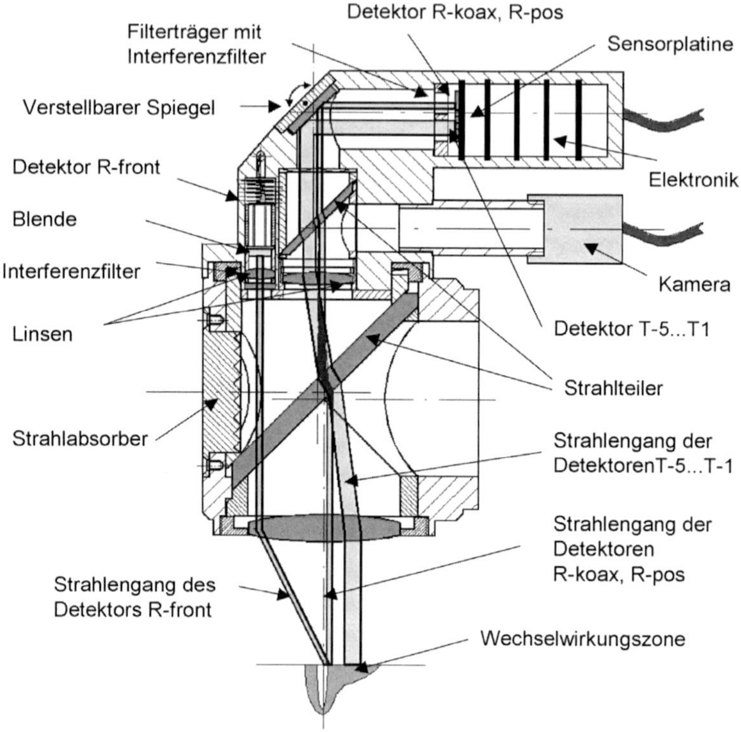

Bild 67: Schematische Darstellung des Fokussierkopfes und des Mehrdetektorensystems mit den Strahlengängen der Messgrößen.

Mit Hilfe der Fokussierlinse wird der Betrachtungswinkel der schleppenden Detektorposition als lateraler Versatz zur optischen Achse dargestellt. Detektor R-front ist daher bezüglich des Laserstrahls außeraxial integriert. Der Strahlengang der Infrarotdetektoren (T-5 bis T-1) und der Detektoren R-koax, R-pos durchläuft eine

[6] Der kommerzielle Fokussierkopf ist in zwei Varianten angeboten, die sich dadurch unterscheiden, dass der Laserstrahl entweder 90° reflektiert oder transmittiert wird. Aufgrund der optischen Beschichtungen kann das Mehrdetektorensystem mit beiden Varianten in gleicher Weise kombiniert werden. Im Folgenden wird nur noch der Einsatz mit der reflektierenden Variante diskutiert.

Abbildungslinse und einen weiterer Strahlteiler zur Auskopplung des sichtbaren Spektrums auf eine Kamera. Die anschließende Umlenkung des Strahlengangs mit einem verstellbaren Spiegel bietet die Möglichkeit, die optische Abbildung auf die Detektoren zu justieren. Vor den Detektoren befindet sich jeweils ein der Beobachtungswellenlänge entsprechender Interferenzfilter, um Störeinflüsse anderer optischer Emissionen zu unterbinden.

Die CCD-Kamera ermöglicht die Visualisierung der Strahlposition für den Bahneinlernvorgang. Durch Gewährleistung einer axialen Verstellung der Kameraposition kann die Fokusebene auf den Kamerachip justiert werden.

In den Korpus des Fokussierkopfes wird zusätzlich ein Strahlabsorber mit einem Durchmesser von 45 mm (>Rohstrahldurchmesser) eingesetzt. Dies verhindert, dass Laserstrahlung nach der Kollimationsoptik den Strahlteiler durchläuft, an der Gehäuserückwand reflektiert und durch den Strahlteiler auf die Detektoren gelenkt wird.

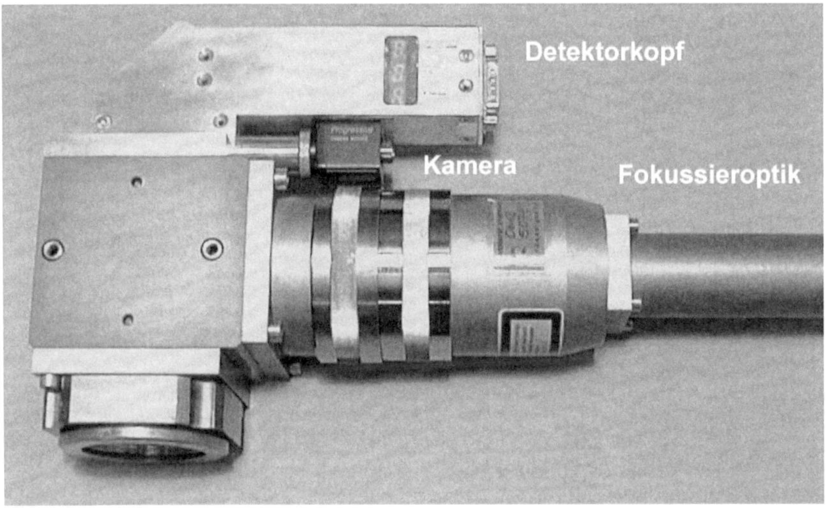

Bild 68: Detektorsystem mit Kamera und Bearbeitungskopf für das Laserstrahlschweißen mit Nd:YAG-Laser.

Zum Schutz vor Störeinflüssen werden die den Messwerten äquivalenten Stromstärken der Detektoren unmittelbar im Gehäuse verstärkt und in äquivalente Spannungen gewandelt. Eine dem Prozess angepasste Verstärkung wird durch die menügesteuerte Signalverarbeitung sichergestellt.

Die Lateraleffekt-Diode bietet durch ihren Aufbau drei unterschiedliche Messwerte zur Auswertung. Die Summe der beiden Ausgänge stellt das Signal des Detektors R-koax dar. Die Differenz beider Ausgänge gibt die Position des Messflecks auf der Diode an. Die Normierung der Differenz durch die Summe entkoppelt diesen Messwert von der beaufschlagten Strahlungsintensität und ergibt das Signal des Detektors R-pos. Da jedoch Differenz und Summe bei der Messung der reflektierten Laserleistung korrelieren, kann eine Verknüpfung beider Signale die Aussagekraft verstärken. Verknüpfungen der Signale werden aufgrund der Flexibilität nach der A/D-Wandlung im LWM 900 als Rechenoperation durchgeführt.

Bild 68 zeigt den Bearbeitungskopf, bestehend aus Sensorsystem und Abbildungsoptik. Die Abmessungen des ursprünglichen Kameraaufbaus des kommerziellen Fokussierkopfes konnten eingehalten werden; es wurden keine weiteren Störkonturen erzeugt. Geringes Gewicht wurde durch Verwendung von Aluminium erzielt.

7.3 Evaluierung des Mehrdetektorensystems

In diesem Kapitel wird die Funktionalität des Mehrdetektorensystems hinsichtlich der in Kapitel 7.1.1 aufgestellten Ansprüche diskutiert. Versuchsreihen zur Detektion der Einschweißtiefe, Porenbildung, Schmelzauswürfe und Anbindefehler zeigen die Aussagekraft der eingesetzten Detektoren.

7.3.1 Variation der Einschweißtiefe

Die Messwerte des Detektors R-front weisen den grundlegenden physikalischen Zusammenhang zwischen reflektierter Laserleistung und Einschweißtiefe (Bild 69). Die aus der Variation der Vorschubgeschwindigkeit und der Laserleistung resultierenden Signale unterscheiden sich bei gleicher Einschweißtiefe nur unwesentlich. Davon abweichend stellten sich zunächst die Messwerte zur Variation der Fokuslage dar. Es ergab sich zwar die gleiche Charakteristik, jedoch war die Steigung der Trendlinie zu geringeren Einschweißtiefen hin vergleichsweise größer. Zu begründen ist dies durch den mit der Defokussierung ansteigenden Strahlquerschnitt: während die Kapillaröffnung nahezu konstant bleibt, erhöht sich der Anteil der gemessenen Laserstrahlung, der direkt von der Werkstückoberfläche reflektiert wird, und nicht die Kapillare durchläuft. (siehe Kapitel 6.1.4.3). Durch Einsetzen einer Blende in den Strahlengang des Detektors R-front konnten die Trendlinien jedoch zur Deckung gebracht werden [66].

An der Steigung der Trendlinien ist zu erkennen, in welchem Bereich der Einschweißtiefen das Messprinzip aussagekräftig ist. Für geringe Tiefen ist der Gradient der Kurven groß und die Messgenauigkeit entsprechend hoch. Mit zunehmender Einschweißtiefe erreicht die Kurve einen asymptotischen Bereich. Änderungen in der

Einschweißtiefe haben dann keinen maßgeblichen Einfluss mehr auf die Messwerte der reflektierten Laserleistung. Mit den verwendeten Parametern erweist sich als Grenzwert für Einschweißungen in Stahl eine Tiefe von t = 2 mm. Einschweißtiefen im Bereich von 0,5 bis 2 mm können dann mit einer Toleranz von typischerweise ± 10 % gemessen werden. Die Genauigkeit bzw. der Messbereich kann erweitert werden, wenn das Schachtverhältnis durch Aufweiten der Kapillaröffnung verringert wird. Maßnahmen hierzu sind z.B. die Manipulation des Fokusspots durch Änderung der Fokussierbedingungen oder Aufteilung der Laserstrahlen.

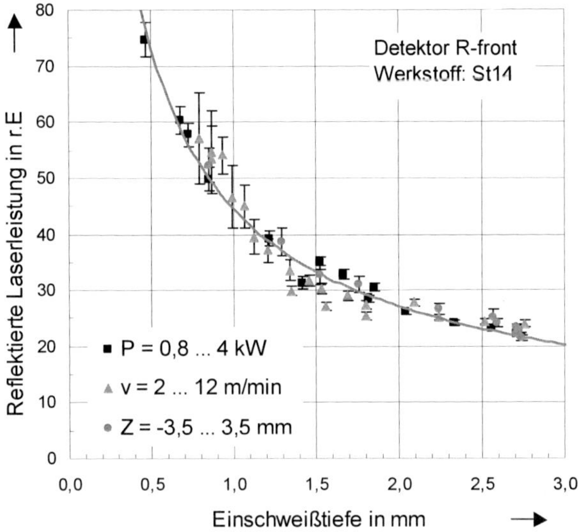

Bild 69: Detektion der Einschweißtiefe in St14 bei Variation der Prozessparameter Laserleistung, Vorschubgeschwindigkeit und Fokuslage.

Der grundlegende physikalische Zusammenhang wird auch von den Messreihen zum Werkstoff Aluminium wiedergegeben. Die in den Fehlerbalken aufgetragene Standardabweichung der Signale zeigt jedoch, das der Werkstoff Aluminium eine deutlich größere Signalfluktuation verursacht (Bild 70). Die Messgenauigkeit wird dadurch eingeschränkt. Die verwendeten Parameter ergeben für die Bestimmung der Einschweißtiefe in Aluminium einen Grenzwert der Tiefe von t = 3 mm.

Durch diesen Zusammenhang zwischen Einschweißtiefe und reflektierter Laserleistung kann aufgrund der in Kapitel 6.1.6.1 hergeleiteten Beziehung zwischen Porosität und Schachtverhältnis eine notwendige Bedingung zur Porenbildung überwacht werden. Jedoch besitzt dies nur statistische Gültigkeit; auf eine lokale Porenbildung als Einzelereignis kann nicht geschlossen werden.

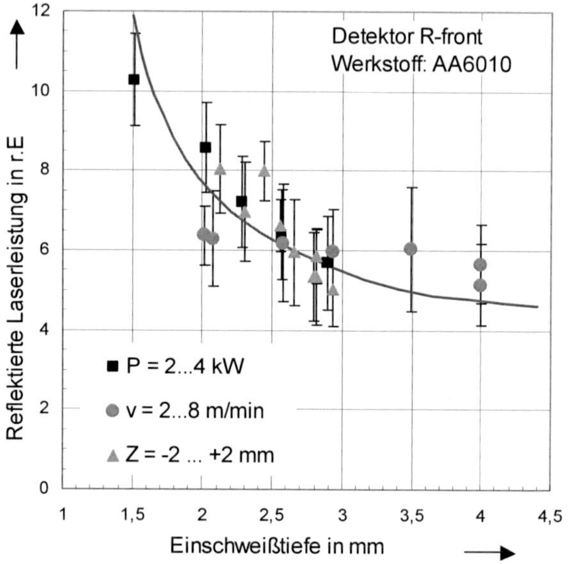

Bild 70: Detektion der Einschweißtiefe in Aluminium für unterschiedliche Prozessparameter (AA6010).

7.3.2 Detektion von Schmelzauswürfen

Die mit dem Auswurf der Schmelze einhergehende Vergrößerung der Kapillaröffnung kann mit hoher Sicherheit detektiert werden. Zur Auswertung dienen hierfür die Detektoren R-front und R-pos. Beide Signale zeigen den für Schmelzauswürfe erwarteten Verlauf (siehe Kapitel 5.3.7). Die beiden lokalen Maxima werden durch Vergleich mit Toleranzbändern ausgewertet. Die Toleranzbänder werden hierzu aus Signalverläufen berechnet, die aus Referenzschweißungen resultieren.

Der Schmelzauswurf hebt sich im resultierenden Signalverlauf bei Einschweißungen in Stahl ebenso eindeutig ab wie bei Einschweißungen in Aluminium. Die Fluktuationen im Signal sind zwar für den Werkstoff AA6010 erheblich größer, jedoch ist aufgrund des größeren Schmelzbades die mit dem Auswurf einhergehende Änderung im Schachtverhältnis und in der reflektierten Laserleistung ebenso größer.

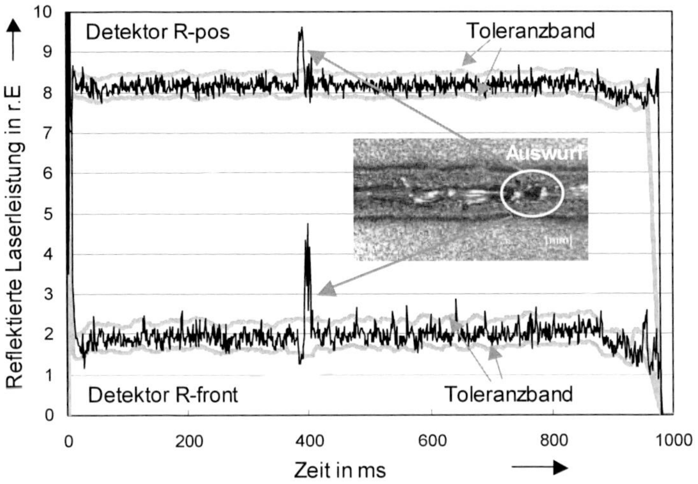

Bild 71: Detektion eines Schmelzauswurfs beim Schweißen von St22. Die Auswertung der Signale R-front und R-pos geschieht durch den Vergleich mit aus Referenzschweißungen gebildeten Toleranzbändern (St14, P_L= 4,0 kW, v = 5 m/min, z_F= +0,5 mm, I-Naht am Überlappstoß).

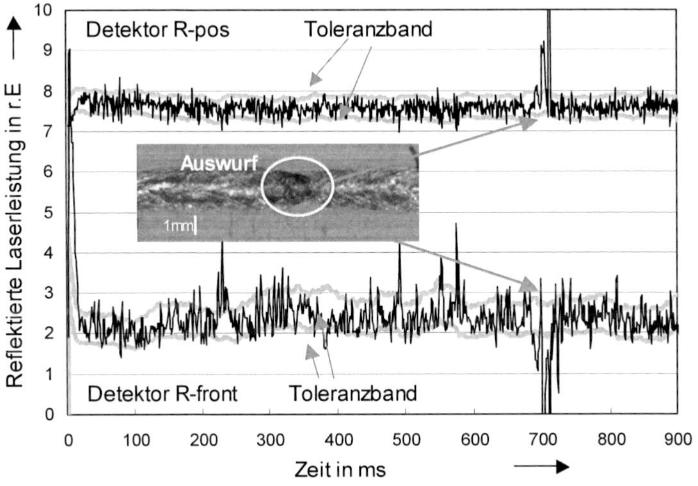

Bild 72: Detektion eines Schmelzauswurfs beim Schweißen von Aluminium. Die Auswertung der Signale R-front und R-pos geschieht durch den Vergleich mit aus Referenzschweißungen gebildeten Toleranzbändern (AA6010, P_L= 4,0 kW, v = 6 m/min, z_F= -0,5 mm, Stumpfstoß).

7.3.3 Detektion von Anbindefehler

Spalt im Stumpfstoß

Bei der Schweißvorbereitung kann sich ein Spalt zwischen den Fügepartnern einstellen, der den Laserschweißprozess maßgeblich beeinflusst. Die reflektierte Laserleistung kann in ihrem grundlegenden Zusammenhang zum Schachtverhältnis nicht als Indikator für die Spaltbreite verwendet werden, da die Stumpfstoßverbindung stets vollständig durchschweißt wird. Dadurch entweicht ein Teil der Laserleistung an der Rückseite des Werkstücks. Jedoch wird die reflektierte Laserleistung insofern beeinflusst, als dass sie mit zunehmender Spaltbreite abnimmt, solange sich eine Anbindung ausbildet (Bild 73). Dies ist dadurch begründet, dass ein immer größerer Anteil an Laserleistung durch den Spalt ungenutzt hindurchfällt. Reißt die Schmelzbrücke aufgrund zu großer Spaltbreiten ab, werden nur noch die Werkstückkanten aufgeschmolzen. Es entsteht keine Kapillare mehr. Von den Kanten reflektiertes Laserlicht trifft auf die Detektoren, welche dadurch ein hohes Signalniveau mit großer Fluktuation zeigen. Übersteigt die Spaltbreite den Strahldurchmesser auf der Werkstückoberfläche, nimmt die reflektierte Laserleistung deutlich ab.

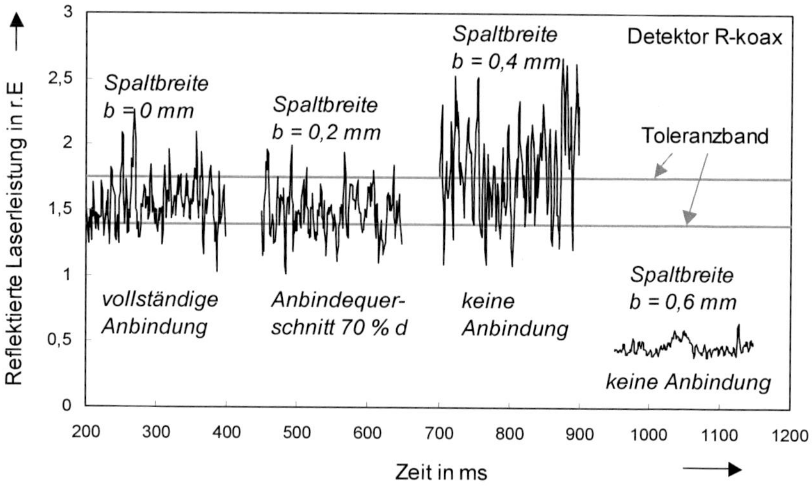

Bild 73: Detektion unterschiedlicher Spaltbreiten beim Schweißen von AA6010 am Stumpfstoß durch Auswertung des Signals R-koax. (P_L= 4,0 kW, v = 6 m/min, z_F= 0 mm, d = 2 mm, Stumpfstoß).

Durch Auswertung der Signale hinsichtlich eines Toleranzbandes, das aus Referenzschweißungen generiert werden kann, ist die Detektion eines Anbindefehlers durch zu große Spaltmaße möglich. Bereits sich verringernde Anbindequerschnitte sind durch den Vergleich mit Referenzschweißungen erkennbar.

Spalt im Überlappstoß

Verbleibt zwischen den Fügepartnern ein Spalt im Überlappstoß, kann dies einen durch visuelle Überprüfung nicht erkennbaren Anbindefehler erzeugen. Mit zunehmender Spaltbreite verringert sich die Dicke der Schmelzbrücke zwischen den Fügepartnern. Solange eine Anbindung bestehen bleibt, kann der physikalische Zusammenhang zwischen Einschweißtiefe und reflektierter Laserleistung zugrunde gelegt werden. Die Kapillare erfährt durch die Schmelzbrücke mit anwachsender Spaltbreite eine zunehmende Tiefe. Die reflektierte Laserleistung nimmt dadurch sichtbar ab [50]. Kann die Spaltbreite jedoch nicht mehr durch die Schmelze überbrückt werden, verliert die Detektion der reflektierten Laserleistung ihre Aussagekraft, da die „Kapillare" unterbrochen ist. Jedoch kann durch Detektion der Infrarot-Emission aus dem Bereich des Schmelzbades und der angrenzenden Naht auf die Anbindung geschlossen werden. Bild 74 zeigt den Verlauf der gemessenen Wärmestrahlung für die Detektoren T-5 bis T-1 (mit abnehmender Ziffer in der Bezeichnung nimmt der Abstand zur Kapillare entlang der Schweißnaht zu). Während Detektor T-5 aufgrund seiner Position am nächsten zur Kapillare durch überstrahlende

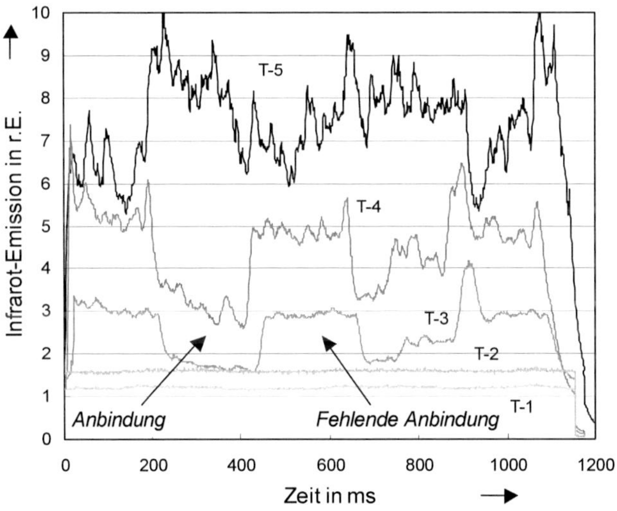

Bild 74: Detektion eines Anbindefehlers beim Schweißen von AA6010 am Überlappstoß durch Messung der Infrarotemission (P_L=4,0 kW, v=5 m/min, z_F=0 mm).

Emissionen der Metalldampffackel noch erheblich beeinflusst wird, indizieren Detektor T-4 und T-3 mit steilen Flanken den Wechsel zwischen Anbindung und Anbindefehler. Der zeitliche Versatz der Flanken entsteht durch die Anordnung der Detektoren. Der Bereich der Anbindung ist dabei durch das niedrige Signalniveau gekennzeichnet. Die Wärme kann hier durch die Schmelzbrücke in das darunter liegende Blech abgeleitet werden. Fehlt die Anbindung des Fügepartners, so verringert sich die Wärmeleitung. Das resultierende höhere Temperaturniveau führt zum Anstieg der Messwerte.

7.4 Zusammenfassung zum Mehrdetektorensystem

Basierend auf der Definition primärer qualitätsrelevanter Merkmale beim Laserstrahlschweißen wurden die grundlegenden Zusammenhänge, die in dieser Arbeit beschrieben sind, durch entsprechende Messmethoden in ein Funktionsmuster umgesetzt. Den Rahmen bildeten dabei die Anforderungen an den Integrationsgrad, die Funktionalität, die Fertigungstechnik und die Qualitätssicherung.

Unter Berücksichtigung dieser Pflichten wurden die Detektoren und deren Strahlengänge entsprechend ihrer Teilaufgaben ausgelegt und optisch, elektronisch und mechanisch integriert. Die flankierende Messung der Infrarotemissionen des Schweißprozesses berücksichtigt dabei die größere Aussagekraft bzw. mögliche Störgrößendifferenzierung eines Multi-Sensor-Konzeptes. Die gewählte Signalverarbeitung erlaubt durch ihre Leistungsfähigkeit eine flexible Verknüpfung der Messwerte und der Auswertung durch an den Prozess adaptierte Algorithmen.

Die technische Realisierung erfüllte die gegebenen Anforderungen, insbesondere im Hinblick auf den Integrationsgrad, erlaubten Störkonturen und Robustheit. Die Evaluierung des Systems hinsichtlich dessen Funktionalität ergab für den Werkstoff Stahl eine Messgenauigkeit der Einschweißtiefe von ± 10 % bis zu einer maximalen Tiefe von 2 mm. Messungen für den Werkstoff Aluminium sind aufgrund der erheblichen Prozessfluktuationen mit einem deutlich geringerem Signal-Rausch-Verhältnis behaftet. Dennoch lassen sich für beide Werkstoffe Schmelzauswürfe mit verbleibenden Löchern in der Naht sicher feststellen. Auch auf Anbindefehler im Stumpf- und Überlappstoß kann mit hohem Signalgradienten rückgeschlossen werden. Kombiniert mit der bereits langjährig in industrieller Fertigung eingesetzten Signalverarbeitung resultiert ein zuverlässiges Prozessüberwachungssystem mit großer Aussagekraft.

8 Zusammenfassung

Die Prozesssicherung beim Laserstrahlschweißen basiert bisher meist auf statistischen Methoden mit zerstörender Werkstoffprüfung, da derzeit bestehende In-Prozess-Überwachungssysteme für viele Applikationen nur bedingt Aussagekraft bzw. Zuverlässigkeit bieten. Der unmittelbare Zusammenhang zwischen Einkoppelgrad der Laserstrahlung und Schachtverhältnis der Dampfkapillare bietet hier die Möglichkeit, Informationen hinsichtlich der Nahtqualität aus der Tiefe des bearbeiteten Werkstoffvolumens zu erhalten. Die durch Laserstrahlung erzeugte Dampfkapillare, die das Tiefschweißen ermöglicht, wird dabei als prägender Informationskanal für die aus der Kapillare rückreflektierte Laserstrahlung verwendet.

Der Zusammenhang wurde mit Hilfe einer Simulationsrechnung erschlossen: Der Reflexionsgrad nimmt exponenziell mit zunehmendem Schachtverhältnis der Kapillare ab und nähert sich asymptotisch dem Wert null an. Änderungen im Schachtverhältnis der Kapillare, die sich wiederum auf die Nahtqualität auswirken, können durch Messung der reflektierten Laserstrahlung detektiert werden.

Neben der Leistung der reflektierten Laserstrahlung wird auch deren räumliche Verteilung durch das Schachtverhältnis beeinflusst. Die Streuung der reflektierten Laserstrahlung erfährt bei geringen Schachtverhältnissen der Kapillare einen zunehmenden Raumwinkel. Die lokale Messung der reflektierten Leistungsdichte mit einer schleppenden Detektorposition erweist sich dadurch als die mit besonders günstigen Signalgradienten hinsichtlich des Schachtverhältnisses der Kapillare. Dies ist sowohl bei der Detektion von Ein- und Abschnürungen als auch bei der Messung der Eindringtiefe der Kapillare zu berücksichtigen.

Oszillationen der Kapillare, die vor allem mit dem Schweißen von Aluminiumwerkstoffen einhergehen, erzeugen durch die gekoppelte Änderung im Reflexionsgrad spezifische Amplituden und Frequenzen. Die Amplituden sind durch den asymptotischen Verlauf des Reflexionsgrads vom mittleren Schachtverhältnis abhängig.

Theoretische Modellvorstellungen zur Porenbildung und daraus abgeleitete Kapillarmodelle machen deutlich, dass die Entstehung einer Prozesspore zunächst mit einem dafür charakteristischen Verlauf des Schachtverhältnisses einhergehen muss. Im Vergleich zu den stets auftretenden Oszillationen der Kapillare ergibt die Phase der Kapillarein- und -abschnürung jedoch nur geringfügige Abweichungen.

Durch zwei unterschiedliche Diagnostikverfahren zur Visualisierung der Kapillargeometrie konnten ihre wesentlichen Eigenschaften in Abhängigkeit der Verfahrensparameter und der Prozessdynamik aufgezeigt werden:

Mit Hilfe einer Hochgeschwindigkeits-Videokamera konnte ein nahezu konstanter Durchmesser der Kapillaröffnung für den Werkstoff Stahl im vorgegebenen Parameterfenster nachgewiesen werden. Änderungen im Schachtverhältnis der Kapillare resultieren somit primär aus einer Änderung der Kapillartiefe. Da die Kapillartiefe näherungsweise der Einschweißtiefe proportional ist, besteht die Möglichkeit, über die Gesamtreflexion der Kapillare die Einschweißtiefe zu bestimmen. Der Werkstoff Aluminium bedingt jedoch wesentliche Oszillationen im Durchmesser der Kapillare. Diese werden sich als Fluktuationen in der reflektierten Laserstrahlung abzeichnen, wodurch die Genauigkeit des Verfahrens zur Messung der Einschweißtiefe erheblich reduziert wird.

Die Visualisierung der Kapillare während des Schweißens mit Hilfe von Röntgenstrahlung erbrachte für unterschiedlichste Prozessparameter typische Kapillargeometrien für Aluminium- und Stahlwerkstoffe. Die stetigen Oszillationen der Kapillare wurden quantifiziert, auftretende Phänomene differenziert. Es ergaben sich charakteristische Schachtverhältnisse für den kontinuierlichen, ungestörten Schweißprozess, die Porenformation, Schmelzbadhebung und Schmelzauswurf. Ein Vergleich der einhergehenden Schachtverhältnisse zeigte, dass sich Porenformation und stets auftretende Kapillaroszillationen nahezu identisch äußern. Hinzu kommt, dass keine Aussage über den tatsächlichen Verbleib eines Hohlraums in der Naht möglich ist. Der Verlauf des Schachtverhältnisses während eines Schmelzauswurfes ist jedoch charakteristisch.

Kennzeichnend für die Porenbildung ist jedoch, dass ab einem bestimmten Schachtverhältnis der Anteil der Nahtquerschnittsfläche, der durch Poren ausgemacht wird, proportional mit steigendem Schachtverhältnis zunimmt. Der Wert für das maximal mögliche Schachtverhältnis, das eine gerade noch stabile Kapillare kennzeichnet, ergibt sich für den untersuchten Werkstoff AA6063 zu S=3.

Das Verfahren zur Messung der reflektierten Laserstrahlung wurde durch entsprechende Versuchsaufbauten für CO_2- und Nd:YAG-Laser realisiert. Die physikalischen Zusammenhänge konnten durch die Ergebnisse beider Aufbauten bestätigt werden. Die sich ergebenden wesentlichen Ergebnisse sind:

Die experimentellen Arbeiten qualifizieren die Messgröße „reflektierte Laserstrahlung“ als einen Indikator, der im direkten Zusammenhang mit der Kapillargeometrie steht.

Die gemessene reflektierte Leistung und deren charakteristische Verteilung stimmt qualitativ mit den Ergebnissen aus der Simulationsrechnung überein.

Parameterstudien zeigen die Grenzen in der Aussage des Messverfahrens auf. In Abhängigkeit der Fokussierbedingungen konnten im typischen Dickenbereich von Karosserieblechen die Einschweißtiefe im Werkstoff Stahl mit einer Genauigkeit von ± 10 % sichergestellt werden. Einschweißungen in den Werkstoff Aluminium sind jedoch gekennzeichnet durch die erhebliche grundlegende Prozessdynamik, sodass eine exakte Bestimmung der Schweißtiefe nicht möglich war.

Die Entstehung von Prozessporen konnte durch Messung der reflektierten Laserstrahlung nicht direkt identifiziert werden. Es konnte jedoch gezeigt werden, dass Porosität ab einem bestimmten Schachtverhältnis entsteht und dann mit diesem linear zunimmt. Legt man den Zusammenhang zwischen reflektierter Laserleistung und Schachtverhältnis zugrunde, so kann durch Auswertung der Messwerte hinsichtlich des Unterschreitens eines unteren Schwellwertes die notwendige Bedingung zur Porenbildung überwacht werden. Der Schwellwert kann entsprechend der gerade noch erlaubten Porosität der Schweißnaht gewählt werden.

Ein sicheres Unterscheidungsmerkmal zwischen Ein- und Durchschweißung bei Stahlwerkstoffen ist durch den damit verbundenen großen Gradienten im Verlauf der gemessenen reflektierten Laserleistung gegeben.

Schmelzauswürfe beim Schweißen von Aluminium ließen sich von Schmelzbadhebungen durch ihren charakteristischen Signalverlauf differenzieren. In der Naht verbleibende Löcher konnten dadurch sicher indiziert werden. Die Abbildung eines Messflecks auf dem Schmelzbad erhöhte die Aussagekraft des Verfahrens insbesondere bei der Detektion von Schmelzauswürfen.

Auf Basis der Ergebnisse aus der Verfahrensverifizierung wurde ein Funktionsmuster für den industriellen Einsatz realisiert. Den Rahmen bildeten dabei die Anforderungen an den Integrationsgrad und Funktionalität sowie Aspekte der Fertigungstechnik und Qualitätssicherung. Entsprechende Detektoren und deren Strahlengänge wurden ausgelegt und optisch, elektronisch als auch mechanisch integriert.

Die technische Realisierung erfüllte im Einsatz die aufgestellten Anforderungen, insbesondere im Hinblick auf Funktionalität, Integrationsgrad und Robustheit. Eine flankierende Messung der Infrarotemissionen des Schweißprozesses berücksichtigte dabei die unterstützende Aussagekraft bzw. mögliche Störgrößendifferenzierung bei der Detektion von Anbindefehlern. Die gewählte Signalverarbeitung erlaubt durch ihre Leistungsfähigkeit eine flexible Verknüpfung der Messwerte und Auswertung durch an den Prozess adaptierte Algorithmen.

9 Literaturverzeichnis

[1] DAUSINGER, F.; GRIEBSCH, J.; HACK, R.: *Verfahren zur Bestimmung der momentanen und Herbeiführung einer gewünschten Eindringtiefe eines Bearbeitungsstrahles in ein Werkstück sowie Vorrichtung zur Durchführung dieses Verfahrens.* Patent Nr. 4333501, 1993.

[2] BECK, M.; BERGER, P.; HÜGEL, H.: *The effect of plasma formation on beam focusing in deep penetration welding with CO2-lasers*. Jour. of Physics D - Applied Physics, Vol. 28, 1995, S. 2430.

[3] HÜGEL, H.: *Strahlwerkzeug Laser*. Teubner Studienbücher Maschinenbau, Stuttgart, 1992.

[4] HÜGEL, H.; SEILER, P. ; WOLLERMANN-WINDGASSE, R.: *Neue Hochleistungslaser - Entwicklungstendenzen und fertigungstechnische Einsatzpotentiale.* Proc. Technologien für die Zukunft, FTK 2000, Stuttgart, Gesellschaft für Fertigungstechnik, FTK. Springer Verlag, Berlin, 2000, S. 63.

[5] HACK, R.: *System- und verfahrenstechnischer Vergleich von Nd:YAG- und CO_2-Lasern im Leistungsbereich bis 5kW*. Dissertation. Forschungsberichte des IFSW, B.G. Teubner, Stuttgart, 1998.

[6] Norm DIN V 18730: Gr*undbegriffe der Lasertechnik: Laser und Laseranlagen*. Berlin: Beuth , 1991.

[7] DAUSINGER, F.: *Energieeinkopplung und Prozesseffektivität.* Universität Stuttgart, Laser in der Materialbearbeitung. Habilitation, Universität Stuttgart, Teubner Verlag Stuttgart, 1995.

[8] DRUDE, P.: *Zur Elektronentheorie der Metalle*. Annalen der Physik, 1, 1990, S. 566.

[9] GOUFFE, A.: Rev. Optique 24, 1945, S. 1.

[10] BECK, M.: *Modellierung des Lasertiefschweißens.* Dissertation, Universität Stuttgart, Teubner Verlag Stuttgart, 1996, S. 93.

[11] KINDLER, H.: *Modellierung der Plasmaausbildung in der Dampfkapillare beim Lasertiefschweißen*. Diplomarbeit, Inst. f. Strahlwerkzeuge, Universität Stuttgart,1993.

[12] SUN, A.; KANNATEY-ASIBU, E.; GARTNER, M.: *Sensor systems for real-time monitoring of laser weld quality*. Jour. of Laser Appl. 4, Vol. 11, 1999, S. 153.

[13] MIYAMOTO, I.; KAMIMUKI, K.; MARUO, H.; MORI, K.; SAKAMOTO, M.: *In-process monitoring in laser welding of automotive parts.* In: DEUNEY, P.; MIYAMOTO, I.; MORDIKE, B.L. (Hrsg.): Proc. of the Lasers Materials Processing Symposium ICALEO'93, Vol. 77, Orlando, Florida (LIA), 1993, S. 413.

[14] NEGENDANCK, M.; HOFFMANN, P.: *Qualifizierung robuster Sensor-/Aktorsysteme für das Laserstrahlschweißen von Leichtbaufunktionsgruppen*: In: Dilthey, U. (Hrsg.): Qualifizierung von Laserverfahren, Abschlusspräsentation des gleichnamigen BMBF-Projektverbands im Rahmen von Laser2000 (DVS-Berichte, Bd. 205). Düsseldorf: DVS-Verlag GmbH, 1999, S. 106.

[15] TÖNSHOFF, H.K.; OSTENDORF, A. SPECKER, W.: *Quality Assurance of Laser Processes by Adaptive Closed-Loop Process Control.* In: HÜGEL, H.; MATSUNAWA, A.; MAZUMDER, J (Hrsg.): Proc. of the Lasers Materials Processing Symposium ICALEO '00, Vol. 89, Orlando, Florida (LIA), 2000, S. E 252.

[16] SOKOLOWSKI, W.; HERZIGER, G.; BEYER, E.: *Spectroscopic study of laser induced plasma in the welding process of steel and aluminum.* SPIE, High Power Lasers and Laser Machining Technology. SPIE Vol. 1132, 1989, S. 288.

[17] BEERSIEK, J., R. POPRAWE, W. SCHULZ, G. HONGPING, R. E. MUELLER, W.W. DULEY: *"On-line monitoring of penetration depth in laser beam welding."* Proc. of the Lasers Materials Processing Symposium ICALEO '97, LIA Vol. 82. LIA.

[18] LI, L.; STEEN, M.W.: *Non-contact acoustic emission monitoring during laser welding.* In: FARSON, D.; STEAN, W.; MIYAMOTO, I. (Hrsg.): Proc. of the Lasers Materials Processing Symposium ICALEO'92, Vol. 75, Orlando, Florida (LIA), 1992, S. 719.

[19] GU, H.; DULEY, W.W.: *Analysis of acoustic signals detected from different locations during laser beam welding of steel sheet.* In: DULEY, W.; SHIBATA, K.; POPRAWE, R.(Hrsg.): Proc. of the Lasers Materials Processing Symposium ICALEO'96, Vol. 81, Orlando, Florida (LIA), 1996, S. B 40.

[20] HILLERICH, B.; SCHUMACHER, J.; ALVENSLEBEN, F.: *Prozessdiagnostik beim Laserstrahlschweißen durch kapazitive Abstandsmessung.* Schweißen und Schneiden, Heft 4, 1997, p. 226.

[21] DIETZ, C.; JURCA, M.; SCHLICHTERMANN, L.; KOGEL-HOLLACHER, M.;BREITSCHWERDT, S.; SCHMID, C.; ROWOLD, L.: *Closed-Loop Control System for Laser Welding of Transmission Parts*. In: BEYER, E.; CHEN, X.; MIYAMOTO, I. (Hrsg.): Proc. of the Lasers Materials Processing Symposium ICALEO´98, Vol. 85, Orlando, Florida (LIA), 1998, S. C-178.

[22] VOELKEL, D.; MAZUMDER, J.: *Visualization and dimensional measurement of the laser melt pool.* In: REAM, S.L.; DAUSINGER, F.; FUJIOKA, T. (Hrsg.): Proc. of the Lasers Materials Processing Symposium ICALEO´90, Vol. 71, Orlando, Florida (LIA), 1991, S. 422.

[23] THEINER, W.A.; KERN, R.; LEJEUNE, I.; MEYER, R.: *Grundlegende Untersuchungen zur orts- und zeitaufgelösten zerstörungsfreien Bestimmung mikrostruktureller Eigenschaften.* In: Qualifizierung von Laserverfahren, DVS-Bericht 205, DVS-Verlag, Düsseldorf, 1999, S. 81.

[24] KERN, R.; SALZBURGER, H.-J.; THEINER, W.; WOHLFAHRT, H.: *Zerstörungsfreies Prüfen von laserstrahlgeschweißten Bauteilen.* In: Schweißen & Schneiden, Vol. 51, Nr. 12, S. 756.

[25] KAPLAN, A.: *A model of deep penetration laser welding based on calculation of the keyhole profile*. J. Phys. D: Appl. Phys. 27, 1994, S. 1805.

[26] FABBRO, R.; CHOUF, K.: *Keyhole behavior for deep penetration laser welding.* In: CHRISTENSEN, P. (Hrsg.): Proc. of the Lasers Materials Processing Symposium ICALEO´99, Vol. 87, Orlando, Florida (LIA), 1999, S. E-92.

[27] DUMORD, E.: *Modélisation Du Soudage Continu Par Faisceau De Haute Energie: Aplication Au Cas Du Soudage Par Laser Nd:YAG D'un Acier X5CrNi18-10.* Dissertation, Universite de Bourgogne, 1996.

[28] FABBRO, R.; POUYEO-VERWAERDE, A.: *Modeling of Deep Penetration Laser Welding Process: Application to the Analysis of the Energy Coupling Inside the Keyhole*. In: MAZUMDER, J.; MATSUNAWA, A.; MAGNUSSEN, C. (Hrsg.): Proc. of the Lasers Materials Processing Symposium ICALEO´95, Vol. 80, Orlando, Florida (LIA), 1995, S. 979.

[29] FUNK, M.: *Absorption von CO_2-Laserstrahlung beim Laserstrahlschweißen von Grobblechen.* Dissertation RWTH Aachen, 1994.

[30] ARATA, Y.: *Observation of Molten Flow during EB Welding.* Transaction JWRI, Vol. 16, 1987.

[31] MATSUNAWA, A.: KIM, J.-D.; KATAYAMA, S.: Porosity Formation in Laser Welding – Mechanisms and Suppression Methods. In: FABBRO, R.; KAR, A.;

MATSUNAWA, A. (Hrsg.): Proc. of the Lasers Materials Processing Symposium ICALEO '97, Vol. 83, Orlando, Florida (LIA), 1997, S. G73.

[32] OTTO, A.: *Transiente Prozesse beim Laserstrahlschweißen.* Universität Erlangen-Nürnberg, Diss., 1997. Bamberg: Meisenbach-Verlag, 1997.

[33] ARATA, Y., ABE, N; ODA, T.: *Beam Hole Behavior during Laser Beam Welding.* In: Metzbower, E.A. (Hrsg.): Proc. of the Materials Processing Symposium ICALEO 1983, Vol. 38, Los Angeles, (CA), LIA, 1983, S. 59.

[34] KROOS, J.: *Stabilität und Dynamik der Dampfkapillare beim Laserstrahlschweißen von Metallen.* Dissertation TU Braunschweig, 1993.

[35] SEMAK, V.V.; HOPKINS, J.A.; MCCAY, M.H.; MCCAY, T.D.: *Weld Pool Oscillations in Laser Welding.* In: MAZUMDER, J.; MATSUNAWA, A.; MAGNUSSEN, C. (Hrsg.): Proc. of the Lasers Materials Processing Symposium ICALEO'95, Vol. 80, Orlando, Florida (LIA), 1995, S. 739.

[36] DOWDEN, J.; KAPADIA, P.: *The Instabilities of Keyhole and the Formation of Pores in the Laser Keyhole Welding.* In: MAZUMDER, J.; MATSUNAWA, A.; MAGNUSSEN, C. (Hrsg.): Proc. of the Lasers Materials Processing Symposium ICALEO'95, Vol. 80, Orlando, Florida (LIA), 1995, S. 961.

[37] LORD RAYLEIGH: *On the Instability of Cylindrical Fluid Surfaces.* The London, Edinburgh and Dublin Philosophical Magazine 34, 1892, S. 177.

[38] RAPP, J.: *Laserschweißeignung von Aluminiumwerkstoffen für Anwendungen im Leichtbau.* Dissertation, Universität Stuttgart, Teubner Verlag Stuttgart, 1996, S. 94.

[39] KIM, J.S.; WATANABE, T.; YOSHIDA, Y.: *Investigation of the Porosity Formation Mechanism in Laser Spot Welding.* In: MAZUMDER, J.; MATSUNAWA, A.; MAGNUSSEN, C. (Hrsg.): Proc. of the Lasers Materials Processing Symposium ICALEO'95, Vol. 80, Orlando, Florida (LIA), 1995, S. 1011.

[40] EISENMANN, W. L.; BATES, R.L.; MERRIAM, J.D.: *Black Radiation Detector.* Opt. Soc. Am. 53 (6), 1963, S. 729.

[41] MILEWSKI, J., KEEL, G., SKLAR, E.: *Modeling and Validation of Multiple Joint Reflections for Ultra-Narrow Gap Laser Welding.* In: MAZUMDER, J.; MATSUNAWA, A.; MAGNUSSEN, C. (Hrsg.): Proc. of the Lasers Materials Processing Symposium ICALEO'95, Vol. 80, Orlando, Florida (LIA), 1995, S. 875.

[42] KERN, M.: *Simulation der Absorption polarisierter Laserstrahlung beim Lasertiefschweißen.* Universität Stuttgart, Diplomarbeit (Inst. für Strahlwerkzeuge: IFSW-93-9), 1993.

[43] MÜLLER, M.; DAUSINGER, F.; GRIEBSCH, J.: *Online process monitoring and control of laser welding.* Proc. Advanced Technologies & Process, International Body Engineering Conference (IBEC), Stuttgart, 1997, S.62.

[44] MÜLLER, M.: *Simulation der reflektierten Laserleistung zur Prozessüberwachung beim Laserstrahltiefschweißen.* Universität Stuttgart, Diplomarbeit (Inst. für Strahlwerkzeuge: IFSW-96-44), 1996.

[45] MÜLLER, M.; HOHENBERGER, B.: *High speed video of a melt ejection.* Internetpräsentation (Videosequenz in animated gif und avi Format), URL: http://www.ifsw.uni-stuttgart.de/hsvideo.html, 1998.

[46] GLUMANN, C.: *Verbesserte Prozesssicherheit und Qualität durch Strahlkombination beim Laserschweißen.* Universität Stuttgart, Diss., 1995. Stuttgart: Teubner, 1995.

[47] Semak, V.V., Whitney, E.J.: Laser Cutting with a Gaussian Beam: „Da“ or „Niet“? In: Christensen, P. (Hrsg.): Proc. of the Lasers Materials Processing Symposium ICALEO´99, Vol. 87, Orlando, Florida (LIA), 1999, S. E 146.

[48] HÜGEL, H.; MÜLLER, M.; HOHENBERGER, B.; DAUSINGER, F.: *Laser Beam Welding: Recent Developments on Process Conduction and Quality Assurance.* In: Atanasov, P.A.; Stoyanov, D.V. (Hrsg.): Tenth International School on Quantum Electronics: Laser Physics and Applications (Proc., Varna, 1998). Bellingham (Wa): SPIE Vol. 3571, 1999, S. 52.

[49] KOGEL-HOLLACHER, M.: *Laser Welding Monitor LWM 900.* Produktbeschreibung der Firma JURCA Optoelektronik GmbH.

[50] MÜLLER, M.G.; DAUSINGER, F.; HÜGEL, H.: *Online process monitoring of laser welding by measuring the reflected laser power*. In: Beyer, E.; Chen, X.; Miyamoto, I. (Hrsg.): Proc. of the Lasers Materials Processing Symposium ICALEO´98, Vol. 85, Orlando, Florida (LIA), 1998, S. C122-C131.

[51] PETERS, C.; FOX, M.D.T; HARAN, F.M.; HAND, D.P.; JONES, J.D.C.; STEHEN, W.M.: *Nd:YAG Welding Penetration-Monitoring using Back-Scattered Laser Light from in and around the Keyhole*. In: BEYER, E.; CHEN, X.; MIYAMOTO, I. (Hrsg.): Proc. of the Lasers Materials Processing Symposium ICALEO´98, Vol. 85, Orlando, Florida (LIA), 1998, S. C-149.

[52] HOHENBERGER, B.: *Laserstrahlschweißen mit der Doppelfokustechnik – Grundlagen und industrielle Anwendung*. Proc. Technologien für die Zukunft, FTK 2000, Stuttgart, Gesellschaft für Fertigungstechnik, FTK. Springer Verlag, Berlin, 2000, S. 276.

[53] IWASE, T.; SHIBATA, K.; SAKAMOTO, H.; DAUSINGER, F.; HOHENBERGER, B.; MÜLLER, M.G.; MATSUNAWA, A:; SETO, N.: *Real Time X-ray Observation of Dual Focus Beam welding of Aluminium Alloys*. In: HÜGEL, H.; MATSUNAWA, A.; MAZUMDER, J (Hrsg.): Proc. of the Lasers Materials Processing Symposium ICALEO '00, Vol. 89, Orlando, Florida (LIA), 2000, S. C26.

[54] MÜLLER, M.; DAUSINGER, F.: *Online-Detektion innerer Nahtqualität beim Laserstrahltiefschweißen.* In: Dilthey, U. (Hrsg.): Qualifizierung von Laserverfahren, Abschlusspräsentation des gleichnamigen BMBF-Projektverbands im Rahmen von Laser2000 (DVS-Berichte, Bd. 205). Düsseldorf: DVS-Verlag GmbH, 1999, S. 106.

[55] HUONKER, M.; BEA, M.; GIESEN, A.; HÜGEL, H.: *Hochdynamische Strahlführung und Strahlformung.* In: Geschäftstelle des SFB 349 (Hrsg.): Berichte des Industriekolloquiums Sonderforschungsbereich 349, Stuttgart 1996.

[56] LEITERMANN, W.; RUDLAFF, T.: *Lasereinsatz im Aluminium-Rohbau.* In: HÜGEL, H.; OPOWER, H.; DAUSINGER, F. (Hrsg.): Stuttgarter Lasertage SLT `99, IFSW, Stuttgart, 1999.

[57] LEITERMANN, W.: *Karosserieleichtbau – Chance und Herausforderung.* Proc. Technologien für die Zukunft, FTK 2000, Stuttgart, Gesellschaft für Fertigungstechnik, FTK. Springer Verlag, Berlin, 2000, S. 218.

[58] GRIEBSCH, J.; SCHLICHTERMANN, L.; JURCA, M.; HEISSLER, S.; FUNK, D.: *Selbstlernendes Mehrdetektorensystem für die Online-Prozesskontrolle und Qualitätssicherung beim Laserschweißen von Automobilkarosserien.* In: DAUSINGER, F.; BERGMANN, H.W.; SIGEL, J.: Proceeding of the 6th European Conference on Laser treatment of Materials, Stuttgart 1996 (ECLAT `96), AWT, Wiesbaden 1996, Vol. 1, S. 89.

[59] SETO, N.; MATSUNAWA, A.: *X-ray Inspection of Porosity Formation in Dual Beam Welding*. In: BERGER, P. (Hrsg.): International Workshop on Stability of Laser Beam Welding, Hirschegg, 2000, FGSW, Stuttgart, 2000, S. 169.

[60] DE PAOLI, A.; RAPP, J.: *Laseranwendungen in der Kraftstoffeinspritztechnik.* In: HÜGEL, H.; OPOWER, H.; DAUSINGER, F. (Hrsg.): Stuttgarter Lasertage SLT `99, IFSW, Stuttgart, 1999, S. 8.

[61] DE PAOLI, A.: *Der Laser – ein flexibles Werkzeug im Fertigungseinsatz. Praxiserfahrung und Ausblick.* Proc. Technologien für die Zukunft, FTK 2000, Stuttgart, Gesellschaft für Fertigungstechnik, FTK. Springer Verlag, Berlin, 2000, S. 242.

[62] HAEPP, H.-J.: Vortrag zum Einsatz des Lasers in der DaimlerChrysler AG. International Conference on Lasers Materials Processing ICALEO '00, LIA, Detroit, 2000.

[63] KLUTH, R.: *Aufgaben und Perspektiven der Lasermaterialbearbeitung in der Aggregatefertigung der DaimlerChrysler AG.* Proc. Technologien für die Zukunft, FTK 2000, Stuttgart, Gesellschaft für Fertigungstechnik, FTK. Springer Verlag, Berlin, 2000, S. 228.

[64] DEININGER, C.: *Entwicklung eines Systems zur Prozessüberwachung beim Laserstrahlschweißen.* Studienarbeit, Inst. f. Strahlwerkzeuge, Universität Stuttgart, 2001.

[65] Haas-Laser GmbH: Datenblatt Fokussierkopf, 1999.

[66] DEININGER, C.: Evaluierung eines Multidetektorensystems zur Prozessüberwachung beim Laserstrahlschweißen. Diplomarbeit, Inst. f. Strahlwerkzeuge, Universität Stuttgart, 2001.

Danksagung

Die vorliegende Dissertation entstand während meiner Tätigkeit als wissenschaftlicher Mitarbeiter am Institut für Strahlwerkzeuge der Universität Stuttgart. Ihr liegen Ergebnisse zugrunde, die zum überwiegenden Teil aus meiner Forschungsarbeit an dem vom Bundesministerium für Bildung, Forschung und Technologie geförderten Projekt (FKZ 6773) und dem von Nissan initiierten bilateralen Projekt (VIPRO) entstammen.

Von Herzen bedanken möchte ich mich bei Herrn Prof. Dr.-Ing. Helmut Hügel, Direktor des Instituts für Strahlwerkzeuge. Die freundliche Aufnahme an seinem Institut, die stets einhergehende Förderung und fachliche Unterstützung haben diese Arbeit überhaupt erst möglich gemacht und den Grundstein einer vertrauensvollen Zusammenarbeit gelegt.

Besonderer Dank gilt Herrn Prof. Dr. Friedrich Dausinger für sein Vertrauen, dass er in meine wissenschaftlichen Untersuchungen gelegt hat und dessen Ideen die Grundlage dieser Arbeit bilden. Die klaren und zielstrebigen Diskussionen begeisterten mich bereits als Student für die wissenschaftliche Arbeit und waren für mich eine stete Quelle für neue Ideen. Sein internationales Engagement ermöglichte mir den wissenschaftlichen Austausch mit Japan und gab mir dadurch außergewöhnliche Chancen, mich persönlich und beruflich weiter zu bilden.

Bei Herrn Prof. Dr.-Ing. Manfred Geiger, Direktor des Lehrstuhls für Fertigungstechnik der Universität Erlangen, bedanke ich mich für die Übernahme des Mitberichts und für sein großes Interesse an meiner Arbeit.

Bedanken will ich mich auch bei meinen Kollegen und nicht zuletzt bei meinen studentischen Mitarbeitern, die zum Gelingen dieser Arbeit beigetragen haben. Hervorheben möchte ich Herrn Dr. Jürgen Griebsch, Herrn Dr. Rüdiger Hack, Herrn Hartmut Grüb, Herrn Bernd Hohenberger, Herrn Cornelius Schinzel, Herrn Jürgen Müller, Herrn Adrian Jakschitsch und Herrn Christoph Deininger, die mit anregenden Diskussionen stets zu einer überaus konstruktiven und kollegialen Arbeitsatmosphäre beitrugen. Stellvertretend für die Hilfe, die ich von Seiten Technik und Werkstatt erfahren habe, möchte ich mich bei den Herren Werner Hennig, Michael Schienle und Manfred Frank bedanken.

Neben all dieser Unterstützung, die ich erfahren durfte, richtet sich ganz besonderer Dank an meine Familie. Meine Frau Andrea stand mir stets ermunternd und verständnisvoll zur Seite und gab mir den notwendigen Rückhalt, diese Arbeit erfolgreich abzuschließen. Ihr sei daher diese Arbeit gewidmet. Meine Eltern Ottilie und Ludwig Müller gaben mir die notwendigen Grundlagen mit auf den Weg und boten mir die Sicherheit, diesen dann auch sicher und zielgerichtet zu gehen. Ihnen an dieser Stelle danken zu können – darüber freue ich mich ganz besonders.

Laser in der Materialbearbeitung
Forschungsberichte des IFSW (Institut für Strahlwerkzeuge)

Herausgegeben von
Prof. Dr.-Ing. habil. Helmut Hügel, Universität Stuttgart
Forschungsberichte des IFSW von 1992 bis 1999 erschienen im Teubner Verlag, Stuttgart

Zoske, Uwe
Modell zur rechnerischen Simulation von Laserresonatoren und Strahlführungssystemen
1992, 186 Seiten, ISBN 3-519-06205-4

Gorriz, Michael
Adaptive Optik und Sensorik im Strahlführungssystem von Laserbearbeitungsanlagen
1992, vergriffen, ISBN 3-519-06206-2

Mohr, Ursula
Geschwindigkeitsbestimmende Strahleigenschaften und Einkoppelmechanismen beim CO_2-Laserschneiden von Metallen
1993, 130 Seiten, ISBN 3-519-06207-0

Rudlaff, Thomas
Arbeiten zur Optimierung des Umwandlungshärtens mit Laserstrahlen
1993, 152 Seiten, ISBN 3-519-06208-9

Borik, Stefan
Einfluß optischer Komponenten auf die Strahlqualität von Hochleistungslasern
1993, 200 Seiten, ISBN 3-519-06209-7

Paul, Rüdiger
Optimierung von HF-Gasentladungen für schnell längsgeströmte CO_2-Laser
1994, 149 Seiten, ISBN 3-519-06210-0

Wahl, Roland
Robotergeführtes Laserstrahlschweißen mit Steuerung der Polarisationsrichtung
1994, 150 Seiten, ISBN 3-519-06211-9

Frederking, Klaus-Dieter
Laserlöten kleiner Kupferbauteile mit geregelter Lotdrahtzufuhr
1994, 139 Seiten, ISBN 3-519-06212-7

Grünewald, Karin M.
Modellierung der Energietransferprozesse in längsgeströmten CO_2-Lasern
1994, 158 Seiten, ISBN 3-519-06213-5

Shen, Jialin
Optimierung von Verfahren der Laseroberflächenbehandlung mit gleichzeitiger Pulverzufuhr
1994, 160 Seiten, ISBN 3-519-06214-3

Arnold, Johannes M.
Abtragen metallischer und keramischer Werkstoffe mit Excimerlasern
1994, 192 Seiten, ISBN 3-519-06215-1

Holzwarth, Achim
Ausbreitung und Dämpfung von Stoßwellen in Excimerlasern
1994, 153 Seiten, ISBN 3-519-06216-X

Dausinger, Friedrich
Strahlwerkzeug Laser: Energieeinkopplung und Prozeßeffektivität
1995, 143 Seiten, ISBN 3-519-06217-8

Meiners, Eckhard
Abtragende Bearbeitung von Keramiken und Metallen mit gepulstem Nd:YAG-Laser als zweistufiger Prozeß
1995, 120 Seiten, ISBN 3-519-06222-4

Beck, Markus
Modellierung des Lasertiefschweißens
1996, 160 Seiten, ISBN 3-519-06218-6

Breining, Klaus
Auslegung und Vermessung von Gasentladungsstrecken für CO_2-Hochleistungslaser
1996, 131 Seiten, ISBN 3-519-06219-4

Griebsch, Jürgen
Grundlagenuntersuchungen zur Qualitätssicherung beim gepulsten Lasertiefschweißen
1996, 133 Seiten, ISBN 3-519-06220-8

Krepulat, Walter
Aerodynamische Fenster für industrielle Hochleistungslaser
1996, 144 Seiten, ISBN 3-519-06221-6

Xiao, Min
Vergleichende Untersuchungen zum Schneiden dünner Bleche mit CO_2- und Nd:YAG-Lasern
1996, 118 Seiten, ISBN 3-519-06223-2

Glumann, Christiane
Verbesserte Prozeßsicherheit und Qualität durch Strahlkombination beim Laserschweißen
1996, 143 Seiten, ISBN 3-519-06224-0

Gross, Herbert
Propagation höhermodiger Laserstrahlung und deren Wechselwirkung mit optischen Systemen
1996, 191 Seiten, ISBN 3-519-06225-9

Rapp, Jürgen
Laserschweißeignung von Aluminiumwerkstoffen für Anwendungen im Leichtbau
1996, 202 Seiten, ISBN 3-519-06226-7

Wittig, Klaus
Theoretische Methoden und experimentelle Verfahren zur Charakterisierung von Hochleistungslaserstrahlung
1996, 198 Seiten, ISBN 3-519-06227-5

Grünenwald, Bernd
Verfahrensoptimierung und Schichtcharakterisierung beim einstufigen Cermet-Beschichten mittels CO_2-Hochleistungslaser
1996, 160 Seiten, ISBN 3-519-06229-1

Lee, Jae-Hoon
Laserverfahren zur strukturierten Metallisierung
1996, 154 Seiten, ISBN 3-519-06232-1

Albinus, Uwe N. W.
Metallisches Beschichten mittels PLD-Verfahren
1996, 144 Seiten, ISBN 3-519-06233-X

Wiedmaier, Matthias
Konstruktive und verfahrenstechnische Entwicklungen zur Komplettbearbeitung in Drehzentren mit integrierten Laserverfahren
1997, 129 Seiten, ISBN 3-519-06228-3

Bloehs, Wolfgang
Laserstrahlhärten mit angepaßten Strahlformungssystemen
1997, 143 Seiten, ISBN 3-519-06230-5

Bea, Martin
Adaptive Optik für die Materialbearbeitung mit CO_2-Laserstrahlung
1997, 143 Seiten, ISBN 3-519-06231-3

Stöhr, Michael
Beeinflussung der Lichtemission bei mikrokanalgekühlten Laserdioden
1997, 147 Seiten, ISBN 3-519-06234-8

Plaß, Wilfried
Zerstörschwellen und Degradation von CO_2-Laseroptiken
1998, 158 Seiten, ISBN 3-519-06235-6

Schaller, Markus K. R.
Lasergestützte Abscheidung dünner Edelmetallschichten zum Heißgaskorrosionsschutz für Molybdän
1998, 163 Seiten, ISBN 3-519-06236-4

Hack, Rüdiger
System- und verfahrentechnischer Vergleich von Nd:YAG- und CO_2-Lasern im Leistungsbereich bis 5 kW
1998, 165 Seiten, ISBN 3-519-06237-2

Krupka, Rene
Photothermische Charakterisierung optischer Komponenten für Hochleistungslaser
1998, 139 Seiten, ISBN 3-519-06238-0

Pfeiffer, Wolfgang
Fluiddynamische und elektrophysikalisch optimierte Entladungsstrecken für CO_2-Hochleistungslaser
1998, 152 Seiten, ISBN 3-519-06239-9

Volz, Robert
Optimiertes Beschichten von Gußeisen-, Aluminium- und Kupfergrundwerkstoffen mit Lasern
1998, 133 Seiten, ISBN 3-519-06240-2

Bartelt-Berger, Lars
Lasersystem aus kohärent gekoppelten Grundmode-Diodenlasern
1999, 135 Seiten, ISBN 3-519-06241-0

Müller-Hummel, Peter
Entwicklung einer Inprozeßtemperaturmeßvorrichtung zur Optimierung der laserunterstützten Zerspanung
1999, 139 Seiten, ISBN 3-519-06242-9

Rohde, Hansjörg
Qualitätsbestimmende Prozeßparameter beim Einzelpulsbohren mit einem Nd:YAG-Slablaser
1999, 171 Seiten, ISBN 3-519-06243-7

Huonker, Martin
Strahlführung in CO_2-Hochleistungslasersystemen zur Materialbearbeitung
1999, 121 Seiten, ISBN 3-519-06244-5

Callies, Gert
Modellierung von qualitäts- und effektivitätsbestimmenden Mechanismen beim Laserabtragen
1999, 119 Seiten, ISBN 3-519-06245-3

Schubert, Michael E.
Leistungsskalierbares Lasersystem aus fasergekoppelten Singlemode-Diodenlasern
1999, 105 Seiten, ISBN 3-519-06246-1

Kern, Markus
Gas- und magnetofluiddynamische Maßnahmen zur Beeinflussung der Nahtqualität beim Laserstrahlschweißen
1999, 132 Seiten, ISBN 3-519-06247-X

Raiber, Armin
Grundlagen und Prozeßtechnik für das Lasermikrobohren technischer Keramiken
1999, 135 Seiten, ISBN 3-519-06248-8

Laser in der Materialbearbeitung

Forschungsberichte des IFSW (Institut für Strahlwerkzeuge)

Herausgegeben von
Prof. Dr.-Ing. habil. Helmut Hügel, Universität Stuttgart
Forschungsberichte des IFSW ab 2000 erschienen im Herbert Utz Verlag, München

Schittenhelm, Henrik
Diagnostik des laserinduzierten Plasmas beim Abtragen und Schweißen
2000, 141 Seiten, ISBN 3-89675-712-1

Stewen, Christian
Scheibenlaser mit Kilowatt-Dauerstrichleistung
2000, 145 Seiten, ISBN 3-89675-763-6

Schmitz, Christian
Gaselektronische Analysemethoden zur Optimierung von Lasergasentladungen
2000, 107 Seiten, ISBN 3-89675-773-3

Karszewski, Martin
Scheibenlaser höchster Strahlqualität
2000, 132 Seiten, ISBN 3-89675-785-7

Chang, Chin-Lung
Berechnung der Schmelzbadgeometrie beim Laserstrahlschweißen mit Mehrfokustechnik
2000, 141 Seiten, ISBN 3-89675-825-X

Haag, Matthias
Systemtechnische Optimierungen der Strahlqualität von Hochleistungsdiodenlasern
2000, 166 Seiten, ISBN 3-89675-840-3

Bahnmüller, Jochen
Charakterisierung gepulster Laserstrahlung zur Qualitätssteigerung beim Laserbohren
2000, 138 Seiten, ISBN 3-89675-851-9

Schellhorn, Martin Carl Johannes
CO-Hochleistungslaser : Charakteristika und Einsatzmöglichkeiten beim Schweißen
2000, 142 Seiten, ISBN 3-89675-849-7

Angstenberger, Birgit
Fliehkraftunterstütztes Laserbeschichten
2000, 153 Seiten, ISBN 3-89675-861-6

Bachhofer, Andreas
Schneiden und Schweißen von Aluminiumwerkstoffen mit Festkörperlasern für den Karosseriebau
2001, 194 Seiten, ISBN 3-89675-881-0

Breitschwerdt, Sven
Qualitätssicherung beim Laserstrahlschweißen
2001, 150 Seiten, ISBN 3-8316-0032-5

Mochmann, Gunter
Laserkristallisation von Siliziumschichten auf Glas- und Kunststoffsubstraten für die Herstellung verbesserter Dünnschichttransistoren
2001, 170 Seiten, ISBN 3-89675-811-X

Herrmann, Andreas
Fertigungsorientierte Verfahrensentwicklung des Weichlötens mit Diodenlasern
2002, 133 Seiten, ISBN 3-8316-0086-4

Mästle, Rüdiger
Bestimmung der Propagationseigenschaften von Laserstrahlung
2002, 147 Seiten, ISBN 3-8316-0113-5

Voß, Andreas
Der Scheibenlaser : Theoretische Grundlagen des Dauerstrichbetriebs und erste experimentelle Ergebnisse anhand von Yb:YAG
2002, 195 Seiten, ISBN 3-8316-0121-6

FSC
www.fsc.org
MIX
Papier | Fördert gute Waldnutzung
FSC® C083411

Kolibri 360 GmbH
Ferdinand-Jühlke-Straße 7
99095 Erfurt, Deutschland
produktsicherheit@kolibri360.de